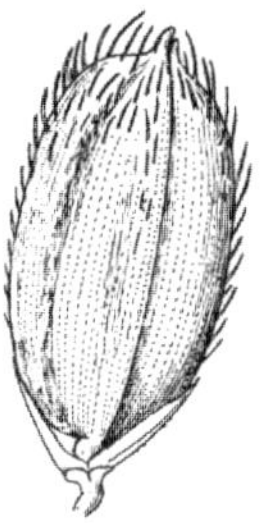

むらの小さな精米所が救うアジア・アフリカの米づくり

古賀康正
yasumasa koga

農文協

はじめに

本書のテーマはアジア・アフリカの米作発展と技術の関係である。しかしこのことを論じるさい、まず理解しておかなくてはならないことがある。それは、日本と世界各地の米作農民のおかれた立場がどのようにちがっているのかである。

多くの日本人は、米づくりにおいて日本の農民が世界で唯一、他国の農民がまったくしていない作業を担っているということ、そしてそこからもたらされた利点（と問題点）に気づいていない。

日本では収穫した籾を農民自身が玄米にまで仕上げて販売する。米は玄米のかたちで社会全般に流通・貯蔵される。これを玄米流通という。日本人の多くは、玄米流通が万国共通だと思っているが、それはきわめて特殊な日本独自の慣行であり、日本の歴史と文化の形成に大きな役割を果たしてきた。

これにたいして、日本を除く世界の国々では、農民は稲を刈り取って脱穀・乾燥して籾にしたら、それをそのまま業者に売り払う。つまり、収穫された米は籾のかたちのままで農民の手を離れ流通される。これが籾流通である。

こうした日本と諸外国との農民のおこなう作業範囲の相違、すなわち「籾摺《もみす》り作業を農民がやるか、それとも業者がやるか」というちがいが、実は重大な岐路となる。玄米は外見からその品質の判定が可能だが、籾のばあい籾殻《もみがら》をかぶっているのでその品質がわからない。そこに諸外国の零細米作農民が出荷した籾を買い叩かれる根本の原因がある。

しかし同じく籾のままで売るにしても、アメリカなどのように何千ヘクタールという大規模農家のばあいには話は異なる。そこでは売り手農民と買い手業者との双方が立ち会いで籾の品質を正確に検査し、それに基づいて取引きされている。

零細規模の米づくりが農家にとって不利なのはアジアでもアフリカでも同じである。しかしそれではなぜこうした国々で米の生産が続いているのか?

それは「零細米作農民が米をつくるのは、それを売るためだけではなく、自分たちが食うためでもある」からである。食うためには籾を搗いて米（玄米や白米）にしなければならないが、手搗きは大変な労力が要るだけでなく、できた米を砕米《くだけまい》だらけにしてしまう。そこで第二次大戦後、世界の米作農村地域に現れたのが、安い加工賃で機械による精米をしてくれる小規模な「農村精米所」であった。
「農村精米所」は本書の主役である。その果たす役割・意義がどれほど大きいか、その意味が伝われば本書の役割はほとんど済んだことになる。とはいえ、そのことを理解するのは、あるひとびとにとっては難しいかもしれない。すなわち、「農業生産の拡大には進んだ技術の導入がなによりも必要だ」という「常識」をアタマから信じていて、農民のおかれた立場、利害、意欲には一向に無関心なひとびとにとっては。本書を手にとってくださった方はぜひ、そのような「常識」はいったんわきにおいて読みすすめていただきたい。

農民は、他のひとびとと同様に、少しでも豊かで充実した生活をおくろうとして、意識・無意識のうちに不断に模索をしている。その営為の結果として、ある新しい行動の様式を獲得するにいたる。それをひとびとはあとから「技術」と名付ける。そこでは道具や機械などが重要な役割を果たすこともあるが、それら自体が技術を形成するものではない。

たとえば籾を天日にさらして乾燥するときに、籾を地面に薄くひろげるか、それとも厚い層にしてひろげるか、いずれのばあいでも使う道具にはあまりかわりはない。だが、そうして乾燥した籾を精米して得られる白米中の砕米割合には天地の差がある。薄くひろげた籾からは砕米だらけの白米しか得られないのにたいして、厚くひろげた籾から得られる白米には砕米の割合はごく少ない。

白米のでき具合に農民が利害関係をもつなら厚い層にして攪拌しながらゆっくり乾燥するし、もし無関係なら籾を早く乾燥して売り払うために薄い層にして直射日光の下でガンガンと急速に乾かす。つまり、農民が「適切な籾乾燥の技術」を獲得するか否かは、彼らがどのような立場におかれているかによる。「籾は厚い層にして乾かすように」などといくら推奨したところで、それが農民になんの利益ももたらさないようなら、誰も耳を傾けない。すなわち、ある技術が社会で成り立つか否かは、当事者たちのおかれた状況によるのである。

本書は世界の零細な米作農民の技術の発展史というよりは、彼らがおかれた立場のちがいによってそれぞれに生活の充実と豊かさを求めてきた努力の失敗と成功の歴史の概観でもある。むろん、筆者の限られた見聞と知識の狭さという制約はあるが、そこから日本と諸外国の零細米作農民の模索と努力を汲みとっていただき、今後のご参考に供していただければ幸いである。

むらの小さな精米所が救うアジア・アフリカの米づくり

目次

CHAPTER 2

農民が米作に熱心でないとすれば、そのわけがある …… 70

CHAPTER 4

CHAPTER 5

アジア・アフリカの米の増産と農村精米所 135

むらの小さな精米所が救う
アジア・アフリカの米づくり

CHAPTER

1

日本だけでおこなわれる米のつくり方

世界で唯一の玄米流通　米の増産と品質改善の要因

16～17世紀以降、現在にいたるまでの数百年間、日本の米作農家は収穫した稲を精選した玄米にして売り渡し、国内の米の生産・流通・貯蔵・輸送などはすべて玄米のかたちでおこなわれてきた。これを「玄米流通」と呼び、日本で「米の量」といえば、注釈がないかぎり、玄米の量で表示されている。むろん小売りや消費の段階では、消費者の必要に応じて、玄米は種々の程度の「白米」にされる（図1）。

米（玄米や白米）の量は、現在では重量（正確には質量）でキロ（kg）やトン（t）で表示されているが、これは第二次大戦後のことで、それ以前には体積（1石＝10斗＝100升＝1000合。1

升は約1・8リットル（L））で表示されていた。米俵1俵といえば、現在では60キロの米を指すが、これは体積にして4斗であったから、玄米1斗の重量は約15キロとなる。

単位体積当たりの重さは、玄米も白米もほぼ同じであるが、玄米になる前の籾は、その状態によってさまざまである。このことが、あとでみるように、米を籾の状態で売るとき売り手に不利にはたらくばあいがある。

江戸時代には、農民のみならず商工業者の税金や武士の俸禄（給与）も玄米の量で表示された。「加賀百万石」というときの「石高」は、籾でも白米でもなく玄米での量である。日本ではいまでも「玄米流通」であり、米の卸売り価格は玄米60キロの値段で表示される。売買単位は、

図1　稲穂・籾・玄米・白米
出典：星川清親『解剖図説 イネの生長』18頁、288頁、298頁を改変

俵《たわら》（あるいは袋）に入れた俵装玄米《ひょうそうげんまい》であり、その1俵ごとに米の品種名・生産地・生産年度・品質等級等が明示されている。

また、米の生産量も、世界各国では籾あるいは白米の量で表示されるが、日本では玄米の量で示されている。それで、日本の玄米流通を知らない来日外国人と話すときにしばしば誤解を生じたり、換算にてまどったりしている。また日本人も単位面積当たりの米の収量を外国と比較するときしばしば誤る。

日本以外の世界の国々では、米はもっぱら籾あるいは白米で流通、売買、貯蔵される。つまり、「籾流通」と「白米流通」である。そこでは、玄米は籾を白米にする過程で一瞬現れるだけであるから、玄米などというものがこの世に存在することを知らないひとも多い。また外国では、籾も玄米も白米も炊いたご飯も、さらには田んぼに植わっている稲も、すべて「米、ライス」と呼ばれることが多いから、外国人と話をするときには注意しないと話がこんがらがる。

籾は、それを肉眼でみただけでは籾殻のなかにある玄米の品質、つまり価値はわからない。これにたいして、玄米はその品質が（白米と同様に）、一目でわかる。したがって、玄米で売るばあいには、よい品質の米は高く売れる。〝品質すなわち価値〟である。だから日本の農民は何百年も前から米の品位向上に格段の努力を注いできた。

栽培ならびに脱穀・調製（収穫後処理）過程の技術的改善は彼らの収入に直結する。農民はよい種子の入手や栽培法・収穫後処理方法の改善に力を注ぎ、そのための情報収集、相互の協力

（抜き穂をしたり種子を交換したり）、読み書き算盤などが農民の生きていくうえでの必須事項となり、農民の規律と知的向上とがすすんだ。なかでも、水田に水を引く（水田灌漑）ための協力組織の果たした役割は大きい。これらは日本の農民が近代的産業の担い手としてただちに役立つことにつながり、明治維新を契機とした近代化・工業化が急速に展開できる主要な要因のひとつとなった。

日本では脱穀しにくい米品種が選ばれてきた

第二次大戦後にいたるまで、日本では刈り取った稲を稲束にし、田んぼにつくった稲架《はざ》にかけて、ゆっくりと乾燥した（図2）。籾は急速に乾燥すると米粒に亀裂（胴割《どうわ》れ）を生じ、胴割れ米は精米すれば砕米となる。だから胴割れ米が玄米に交じっていれば、玄米の等級すなわち価格を下げる要因となる。

稲穂を藁《わら》付きのまま乾燥すれば籾から水分が藁に移動し、籾はゆっくりと乾燥されるので胴割れを起こすことは少ない。こうして乾かされた稲束から脱穀（稲穂から籾粒を取ること）をする。

現在では収穫作業にコンバインが使われるから、刈取りと同時に脱穀されて籾の粒となり、その後、籾は間断式乾燥機（56頁参照）によってゆっくりと乾燥される。

日本の農民は、立毛《りつもう》（稲が田んぼに育っている状態）中の稲穂や刈り取った稲束から籾粒が脱落

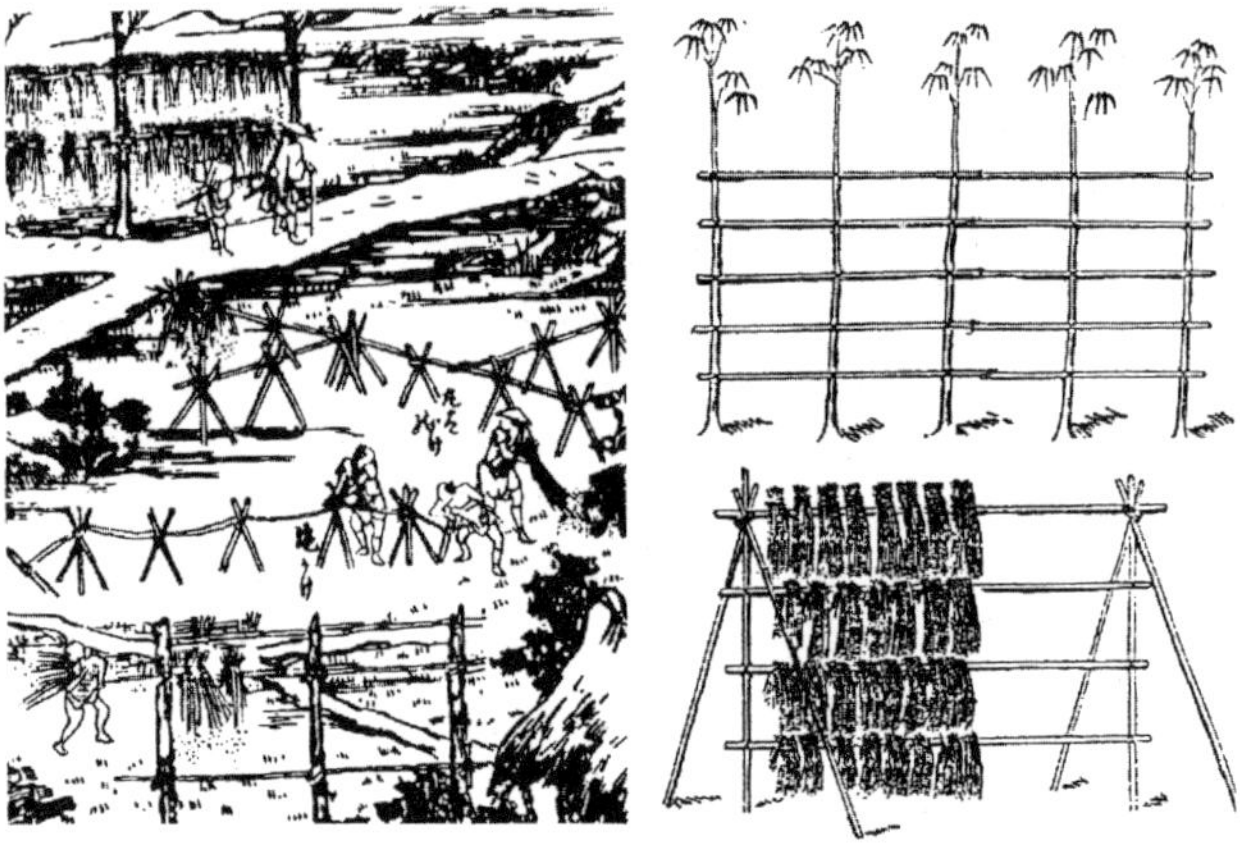

図2　いろいろな稲架
出典：清水浩ほか『日本における農村社会と農機具のかかわり』56頁

して失われるのを惜しみ、稲穂から米粒が落ちにくい「脱《だつ》粒《りゅう》難《なん》」と呼ばれる特性の品種を長年にわたって選び、栽培してきた。だから、日本種の稲は外米よりは脱穀が困難であり、稲穂を乾燥したあとでも、叩きつけただけでは完全には脱穀できない。

外国のたいていの稲は、稲穂を乾燥しなくても刈取り直後に穂を丸太などに叩きつけたり、あるいは穂を竿などで叩いたりして脱穀できる（図3）。だから英語では脱穀のことをスレッシングthreshingと呼ぶ。threshとは「叩く」ことである。

諸外国ではこうした叩きつけ脱穀以外に、刈り取った稲をシートや粘土で固く踏み固めた地面の上に敷きならべ、人間や家畜が踏んで脱穀することがある。大量に脱穀したいときには地面に稲束を丸く敷きならべ、家畜や耕耘機やトラクタなどがその上を踏んで回れば脱穀できる。このばあい、

図3　叩きつけ脱穀
撮影：筆者

図4　踏圧による脱穀作業
撮影：筆者

家畜や耕耘機・トラクタなどにローラーや橇や荷車などを牽かせて踏むこともある（図4）。

これにたいし、日本の稲はたとえ十分に乾燥してあっても、叩いたり踏んだりしただけでは完全に脱穀することは難しい。それで、古くは「扱《こ》ぎ箸《ばし》」（図5）を、ついで「千歯《せんば》」（図6）などの脱穀用具を用いた。

これらは諸外国のように稲穂を叩きつけたりするのではなく、稲穂から籾を櫛の歯のようなもので「しごいてとる」ものである。千歯はそれまでの扱ぎ箸の何倍にも能率があがり、稲扱ぎの内職をする婦人の職を奪うというので、「後家倒《ごけたお》し」とも呼ばれた。

千歯は改良を重ねながら長く使われたが、20世紀初頭からはそれが回転式の足踏み脱穀機（図7）に代わり、ついで動力脱穀機が用いられるようになった。それらの用具・機械類によって脱穀作業の能率があがり、労力が節約できるのみならず、穀粒の逸失も少なくなり、また米の品質もよく維持できるようになった。

日本の栽培稲は脱穀しにくいためにこうした脱穀用具が使われたのだが、諸外国では脱穀が容易な稲品種が栽培されていることが多い。それなのに、「日本の技術の移転」と称して千歯や足踏み脱穀機などを途上国に無差別に紹介・普及しようとする試みがみられることがある。これは善意からではあろうが、無駄な話である。

図5　扱ぎ箸を使っているところ
出典：図2と同、57頁

図6　千歯を使っているところ
出典：図2と同、58頁

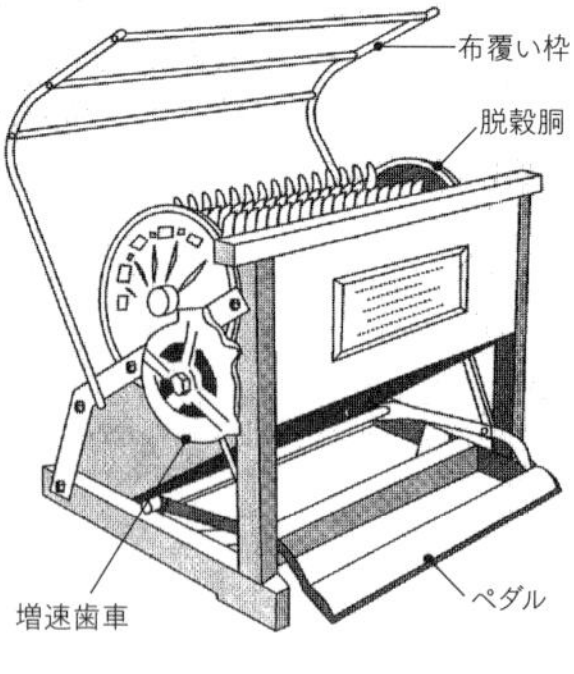

図7　足踏み脱穀機

日本と外国のコンバイン

現在のアジアやアフリカ諸国の零細米作地帯においても、若者の農村離れ、農民の高齢化や社会・経済成長などに加え、機械の価格が安価になっていることから「コンバイン」（穀物の刈取りと脱穀とを同時におこなう機械）の普及がすすんでいる。

ここで注意する必要があるのは、欧米のコンバインと日本で使われる普通型コンバインとは脱穀部（稲穂から籾粒を分離する装置）の機構が大きく異なることである。欧米のものは主に脱粒容易な小麦用に開発されたから稲穂を「叩いて」脱穀するのにたいし、日本の稲用（普通型）コンバインは千歯や足踏み脱穀機と同様な「扱ぎ取る」方式が使われている。

以上はいわゆる「普通型コンバイン」についての話だが、これとは別に、日本国内では「自脱コンバイン」と呼ばれる機械が広く使われる。これは日本で開発された稲刈取機と自動脱穀機（「自脱」と略称）とを合体させたようなもので、刈り取った稲の稲穂部分だけを脱穀装置に挿入して脱穀するもの。これは必要馬力が小さく、また稲藁が揃って排出されるので藁の利用には都合がよい。しかし普通型コンバインよりも構造が複雑で能力当たりの価格は高い。この型のコンバインは、英語ではhead-feed combineなどと呼ばれる。

日本人はこの機械を自慢にし、外国にも無差別に導入しようとすることがあるが、脱穀しやすい諸外国の稲では、刈り取った稲穂が脱穀部に移動する前に振動を与えられるので稲穂から籾が脱落し、脱穀以前に多くの稲粒が失われてしまう。

日本だけでおこなわれる農民の籾摺り作業

日本の伝統的な米づくりでは、よく乾燥された稲穂から脱穀された籾は、つぎに籾摺り、すなわち「籾の粒から籾殻を取り去って玄米にする」こととなる。

日本以外の諸外国では、農民は収穫した米を籾のままで売ってしまうので、農民は籾摺り作業をする必要はない。それは精米所の仕事である。だから外国の農民は日本の農民よりはずっと仕事が少なくて済むわけだが、その得失についてはあとで論じる。

籾摺り作業には、古くは木製の臼（搗き臼）に乾燥した籾を入れて木の杵で搗いた。ちょうど餅を搗くときのように。しかし、搗いてもすべての籾が一挙に玄米に変わるわけではなく、いくぶんかの籾が残る。さらに続けて搗けば玄米が傷つき砕ける。そのため、ある程度搗いたら籾と玄米との混合物を臼から取り出し、まず籾殻を吹き飛ばし（これを風選《ふうせん》という）、それを「揺《ゆ》すり板《いた》」（図8）などを用いて玄米と籾とに分け、籾は再び臼に戻して搗く。これを繰り返してかなり純粋な玄米を得る。しかし、この過程でかなりの籾が粉砕されて失われるし、また、こうしてできた米は玄米と半搗き米（部分的に糠が剝《む》けた玄米）との混合物であり、半搗き米は数日間で酸化して悪臭を発するようになるから、長期保存はできない。

表面に傷がついていない「純粋な」玄米や、玄米から糠を完全に除去した白米は、かなりの

図8　揺すり板（玄米と籾の分離）
出典：『農具便利論』

期間貯蔵できるが、糠を中途半端に除去した玄米、すなわち半搗き米や七分搗き米などは、長期貯蔵はできない。玄米表面の糠層が傷つけられると、そこから糠が急速に酸化しはじめ、数日間で悪臭を発するようになるためである。

玄米の糠層が破れたり、あるいは糠が玄米から分離されたりすると、糠に20パーセントほど含まれている油分が急速に酸化しはじめ、異臭を発し、人畜に有害な遊離脂肪酸になる。その酸化の過程は温度が高いほど急速である。だから、熱帯では玄米貯蔵などは難しい。その逆に、江戸時代は現在よりも平均気温が数度低かったから、玄米の品質保持には有利だっただろう。

現在のゴムロール式籾摺機（59頁参照）などでていねいに籾摺りした玄米でも、その糠層は多少とも損なわれている。たとえ低温倉庫に保管しても玄米の貯蔵可能期間は籾にくらべて短い。まして

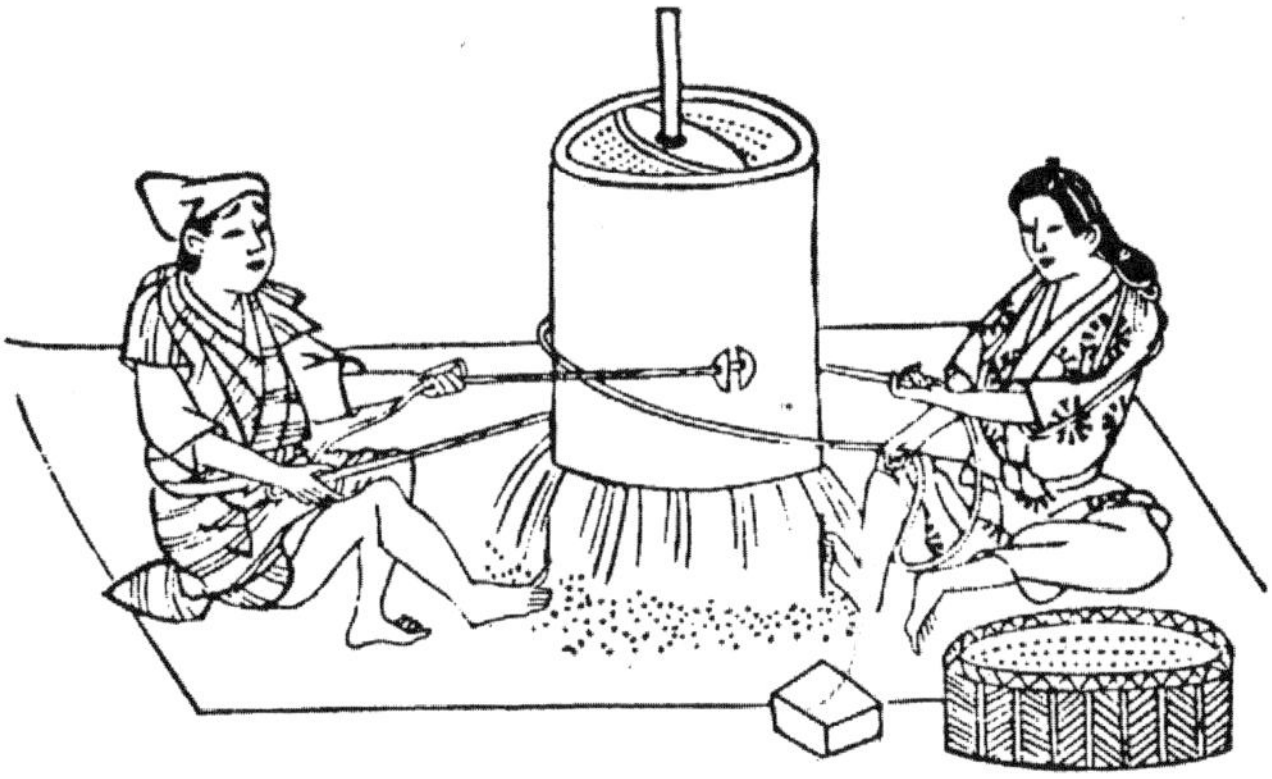

図9　籾摺り用の木臼を挽く図　出典：『大和耕作絵抄』

やそれ以前の原始的な籾摺り用具によって籾摺りした玄米はその表面が傷だらけだから、たとえ短い貯蔵期間であっても、かなり劣化がすすんだことであろう。

玄米を歩搗《ぶづ》き（七分搗き、五分搗きなど）にした米は、純粋な玄米よりも早く酸化がすすむから、江戸の米小売店では玄米を搗かずにそのまま貯蔵し、売るときに搗いて白米にした。つまり、消費者は歩搗き米ではなく、よく搗いた白米を食べた。

脚気《かっけ》はビタミンB_1の不足からおきる病気であるが、このビタミンは米糠に豊富に含まれている。しかし白米は米糠を完全に取り去っているのだから、ビタミンB_1をまったく含まない。だから白米を常食するひとは、他の食べものからビタミンB_1を摂らないかぎり脚気になる可能性が高い。それで江戸時代には都会の住民はしばしば脚気になり、それが「江戸患い」などと呼ばれた。脚気で死んだ徳川将軍（家光、家定、家茂）もいる。もし彼らが白米ではなく玄米か分搗き米を食べ

図10　ビルマの籾摺り用土臼
左図は外観、右図は上臼を外したところ。目の刻み方からわかるように、回転方向は上からみて反時計回りである。Kyei（チェイ）またはKyeisone（チェソン）と呼ばれる　撮影：筆者

ていたら、脚気にはならなかっただろう。

日露戦争でも兵士がもっぱら白米を食べていたので、脚気による死者が戦死者の数を上回ったという。いまの日本人はいろいろな副食物からビタミンB_1を摂取しているから、いくら白米を食べても脚気には滅多にならない。

籾摺り作業にはその後、搗き臼に代わって人力によって上臼を半回転（往復動）させる「木臼《きうす》」（図9）を用いるようになった。これがいつのころから始まったのかはよくわからないが、10世紀末にはすでに使われていたともいわれる。

さらに、17世紀初めころからは上臼を回転させる「土臼《どうす》」（とうす、からうす）（図10）を使うようになった。

これらによって籾摺りの能率は大幅にあがり、搗き臼を用いたばあいにくらべて大幅に砕米を減らせるようになった。しかし木臼と土臼の性能の優劣については諸説がある。

米糠の利用

玄米を搗いて白米にするときにできる米糠は、油糧作物の乏しい日本では貴重な油脂資源であり、それから得られる米糠油は広く利用された。糠は米粒から切り離された瞬間から急速に酸化するので、加熱により酸化酵素を破壊してから搾油する。

江戸時代の搾油は圧搾方式であったから、糠に含まれている油の半分ほどしか取り出せなかったが、現在の日本では大型精米所から発生する糠はその日のうちに製油工場に送られ、溶剤抽出によって油分のほとんど１００パーセントが取り出される。米糠油にはオレイン酸が多く含まれ健康によいとされている。油分を取り去った搾油滓すなわち「糠粕《ぬかかす》」は、栄養剤や飼料・肥料そのほかいろいろな用途がある。

熱帯の国々では、小規模の精米所から出た米糠はそのまま家畜・家禽・養魚などの飼料とされることが多い。酸化・腐敗したものでも肥料などに使える。ふつう、糠は小砕米よりも高い値段で売られる。

途上国でも大型精米所では米糠油を抽出しているばあいもあるが、気温が高いので糠中の遊離脂肪酸の含量が高くて食用にはならず、工業用油にしかならないので経済性が低い。さらに、諸外国では日本のように純粋な玄米をつくる必要がないので糠には多少の籾殻粉末が混入し、その結果、糠油の含有率が下がり、その抽出は不利になりがちである。

いずれにせよ、これらによって搗き臼によるばあいよりも籾摺りの能率はあがり、砕米の発生も大幅に減り、できた玄米があまり傷つけられず、そこに半搗き米が含まれるのも少なくなった。こうしてかなり純粋な玄米が得られるようになり、どうやらある程度の期間貯蔵できるようになったので、徳川中期には本格的な「玄米流通」が可能となったといわれる。

日本だからできた「玄米流通」

しばしば次のような評が聞かれる。すなわち、「『玄米流通』などと、仰々しい言葉が使われるが、それは籾や白米のかわりに玄米のかたちで米を貯蔵・流通させるという、たかがそれだけのことではないか」と。

だが、その「たかがそれだけのこと」が、「玄米表面の糠層を傷つけないように籾摺りをする技術」が確立しないことにはできないのである。日本で、簡単な用具で籾摺りをしても「ほぼ純粋な」玄米をどうやらつくることができたのは、長年にわたる籾摺り用具の改良もさることながら、そのもっとも重要な要因は、栽培稲が短粒種であったことによる。

諸外国で栽培される長粒種の籾は、短粒種とくらべて籾摺りが著しく困難である。すなわち、籾殻が籾粒からはがれにくい。このことは、細長い籾ならその2枚の籾殻の合わせ目が長いことから容易に想像されるだろう。長粒種の籾で日本で古くから使われたような簡易な籾摺り用具を使うと砕米だらけになってしまう。そのばあい、できた玄米の精白（玄米表面から糠層をはがす過程）も同時におこなわれるから、「胴擦れ米」「半搗き米」が多く含まれるようになる。

胴擦れ米、すなわち表面の傷つけられた玄米はたちまち酸化するので、悪臭を発し、長期の貯蔵ができない。だから、長粒米で多少とも長く貯蔵できる米をつくるには、籾摺りと精白との混合した「籾摺り過程」をそのままさらにすすめて、籾殻のみならず糠をも完全に除去し、籾から一挙に白米にしてしまうほかない。つまり、長粒米のばあいには、籾摺りだけを独立して完全におこなうことは難しいのである。

さらにまた、日本は他の多くの米作諸国とはちがって、熱帯・亜熱帯ではなく高緯度地帯に位置している。収穫期の秋に続く半年間の冬と春は気温が低く、糠層が多少傷つけられた玄米でもその酸化の進行がかなり抑えられてどうにか貯蔵できる。熱帯・亜熱帯にある諸国ではそういうわけにはいかない。しかしその日本でも、初夏を越え、高温多湿の梅雨を迎えると貯蔵された玄米は悪臭を放つようになるから、ひとびとは首を長くして新米の収穫が待つことになる。

このほかに、日本で玄米流通が維持された社会的条件としては、幕府ならびに各藩が土地面積や貨幣による農民の所得捕捉が困難なため経済力をことごとく玄米換算にしたこと、天下太平の世でも建前上は「いざ鎌倉」に備えた臨戦態勢を維持していたので、城内の兵糧米として即座に食うことのできる玄米として貯蔵したこと、などが数えられるかもしれない。だが、そもそも、日本のおかれた高緯度地帯という地理的・自然的条件がなければ、玄米貯蔵・流通は物理的にできなかったのである。

農家用の籾摺り用具の発展

20世紀初めからは、木臼や土臼などの籾摺り用具に代わって一時はゴム臼などが使われていたが、結局、動力で駆動するゴムロール式籾摺機（59頁参照）が使われるようになった。これは実に画期的な機械であって、籾摺りの能率が飛躍的に改善されただけでなく、表面がほとんど傷つけられない玄米ができるようになった。この機械に籾をたった1回通すだけで（短粒米では）その9割以上が玄米となり、しかもこの過程で砕米が発生することはほとんどなくなった。また、できた玄米に含まれる胴擦れ米の発生も非常に少なくなったので、その貯蔵可能期間を著しく伸ばすことができるようになった。

外国では玄米は籾から白米をつくるときの「半製品」にすぎないが、日本では玄米がそのまま売買される「商品」であり、玄米に籾粒が含まれていれば価値が下がる。そこで、いかにして玄米に混在する籾粒を分離するか、すなわち、いかにして有効な「籾分別機」を開発するかという課題には長い間苦労した。

15世紀以前には前記のように揺すり板などを用いていたが、玄米と籾との分離は不完全で、玄米中に籾が残ることがあった。江戸時代初期から、数枚の金網を利用した「万石《まんごく》」（万石通し）が使われるようになり、これがいく度も改良を加えられながら長い間使われ、明治のころにはほぼ完全に玄米中の残存籾を分離できるようになった。

こうして、ゴムロール式籾摺機と万石との組合わせによって、20世紀の前半には日本の農民は籾からほぼ純粋で無傷の玄米をつくりだせるようになった（図11）。これによって、史上初めて「玄米貯蔵」が名実ともに完全にちかいかたちで実現するにいたった。

農家が苦労をしてつくりだしたこのほぼ純粋な玄米は、さらに、唐箕《とうみ》・篩《ふるい》・縦線米選機（未熟米選別用具）などを用いて異物・未熟米・砕米・被害粒などを取り除く精選作業がおこなわれる。その後計量し、一定重量（昔は一定体積）の「俵装玄米」となる。

これらに用いる稲藁製の俵や筵《むしろ》や叺《かます》、さらには各種寸法の多量の藁縄などを用意することは、米の加工・選別に劣らぬ重要な仕事であった。老人から幼いこどもまで一家総がかりで、冬の間中、藁仕事をする必要があった（37頁参照）。

こうしてできた俵装玄米こそが、農家がつくりだす「米」の取引きの最小単位であり、品質検査・等級格付などもその状態でおこなわれ、俵装のかたちのままで地主・領主・農協・米穀商・政府等に貢納・納入あるいは売り渡され、長期貯蔵もされた。

こうした「俵詰めの玄米」の俵数は古くは貨幣や富の単位でもあった。現在では玄米は30キロの紙袋入りで扱われることが多いが、米の卸売り価格は21世紀になった今日でも1俵（60キロ）当たりの玄米価格で表示されている。

日本の米作農民が「米づくり」の一部として、数百年来、当たり前のようにやってきた稲収

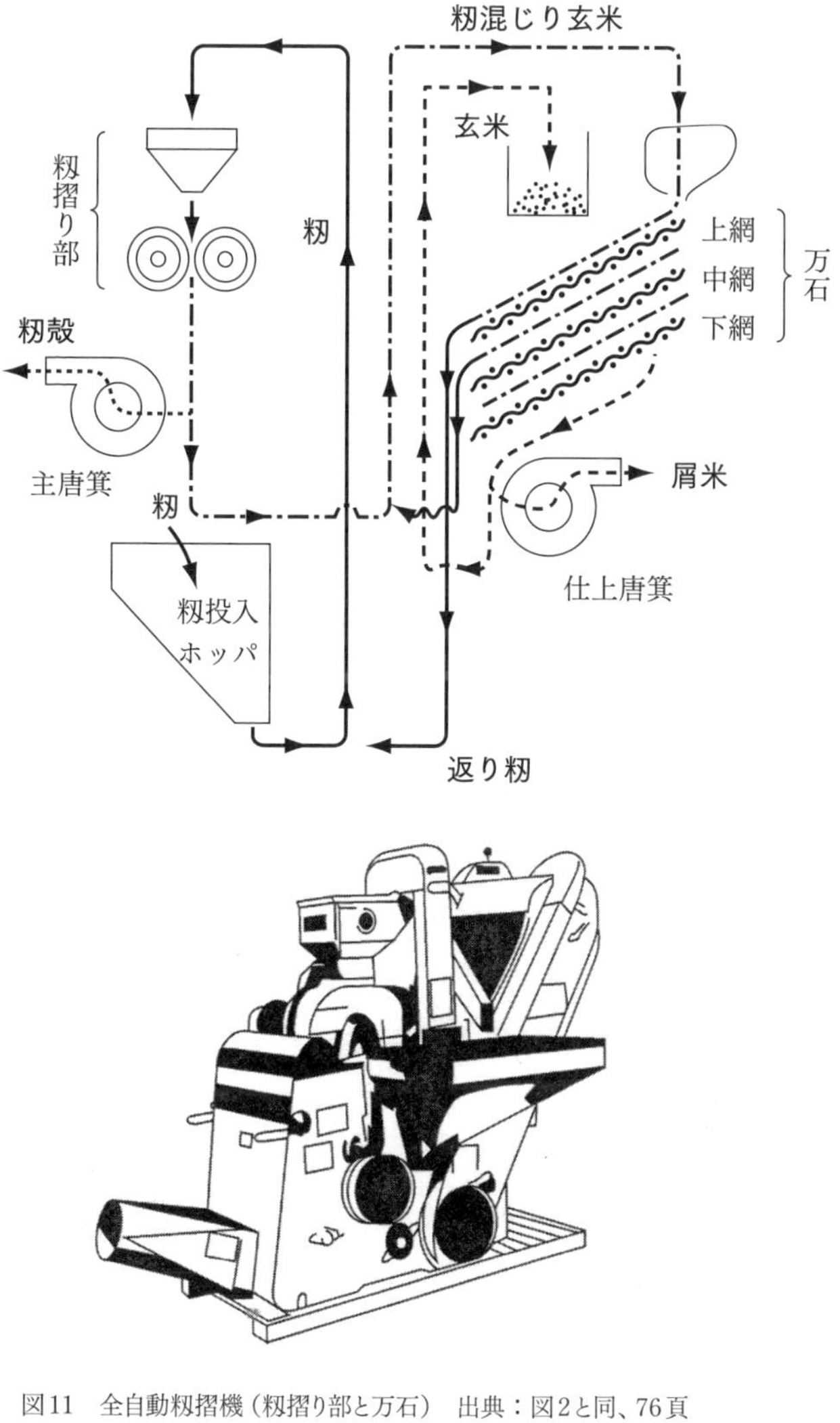

図11　全自動籾摺機（籾摺り部と万石）　出典：図2と同、76頁

穫後の籾摺り・精選・俵装などについて外国人に説明すると、「日本では零細な農民が精米所でやるような仕事までほとんどやってしまうのか」と呆れたような顔をして、首を振って「信じられない」という（図12）。

日本では米の収穫時期を過ぎると、商品となる米はことごとく包装された玄米にされ、籾は世の中から姿を消してしまう。非常用の備蓄や種子用など一部を除いて、籾貯蔵することはなかった。しかし現在では、一部の籾が農協（ＪＡ）のカントリエレベータで籾貯蔵されている。

図12　日本と外国の米作農民の収穫後作業の比較

玄米の貯蔵は半年から数年に及ぶことがあるが、現在ではほとんどすべて低温倉庫に袋詰めで貯蔵される。以前は常温貯蔵だったから、玄米の貯蔵環境は改善されたといえるが、それでも籾貯蔵にくらべれば品質の劣化は避けられない。

諸外国では、例外的なばあいを除いて玄米貯蔵は存在せず、米は籾あるいは白米のかたちで貯蔵される。そこでは、玄米とは籾を白米に加工する過程で瞬間的に現れる半製品にすぎない。籾の大半は倉庫やサイロに「バラ貯蔵」される。バラ貯蔵とは、袋や容器に入れず、バラの粒のまま屋内または施設内に堆積することをさす。

外国でも、少量であったり短期のばあいには籾を袋詰め貯蔵することもある。日本でも外国でも、白米は常に袋あるいは容器に入れて貯蔵される。

日本独自の稲藁利用

本書では稲の実、すなわち穀物としての「米」について考えているのだが、日本では他の米作諸国とはちがって、稲という植物体の他の部分、すなわち藁がきわめて重要な資源だったことを忘れるわけにはいかない。

1960年代半ばからはプラスチックやその他の化学的に合成された材料の利用が急速に広まってきたが、それまでは稲の藁がひとびとの衣服や家具や住宅やその他日用品、各種産業、建設工事などの隅々にまで使われていた。各家庭の畳の芯は藁であり、都会の生活においても各種作業の現場でも日々大量に消費される梱包材料や各種サイズの縄・紐の類の多くは藁だった。田舎の生活では、各種作物の農作業や運搬や包装にも稲藁はそのまま、あるいは紐や綱や容器などとして欠かせなかった。

笠・蓑・草鞋・草履・雪靴・背負子・「いずみっこ」（乳児を入れる）・敷布団や掛布団など、体に接するものはほとんどすべて藁製だった。また冠婚葬祭の飾りや玩具にも欠かせない。住宅や倉庫の土壁を塗る粘土には刻んだ藁が混ぜられた。穀物や肥料などを入れる俵・筵・叺などはほとんどすべて稲藁製。大小の家畜・家禽の飼育にも藁は欠かせない。稲や野菜や果樹の栽培にも多量の藁や藁製品が使われる。また燃料としても使われる。こうして使われた藁は、最後には人間や家畜の排泄物を混ぜて肥料とされる。

稲藁は生活と産業の必需品だったから、米は食わずにすべてカネにかえてしまうような貧しい農家でも、藁だけはどうしても必要だった。だから日本は「米の国」というよりも「藁の国」といった方がよいくらいである。

稲藁を編んだり織ったりできるのは日本稲の特性である。インド種の稲のばあいにはその藁が脆くて、編んだり織ったりすることができない。だから稲藁を日本のように活用することはせず、せいぜい家畜の飼料や敷料、肥料・燃料などとする程度である。そのかわり熱帯・亜熱帯には他のすぐれた繊維作物などがあるから生活に不便をすることはないが。

さらに、日本では農家が籾摺りをするから籾の約2割の重量で、籾とほぼ同体積の籾殻が農家で産出される。これが家庭用燃料や果物や鶏卵の梱包・緩衝材、家畜の敷料や排水用の充塡材や土壌改良材などに利用される。

日本では他の米産国にくらべて、稲の実である米に加えて、稲という植物体のすべてが日々の生活のなかに深く編み込まれている（あるいは過去形で「いた」）ということができるだろう。

作物栽培過程と収穫後過程の相違

一般に、米作とはかぎらず、農家のおこなう作業には、圃場での「作物栽培過程」と、その後の「収穫後処理過程」とがある。

日本では第二次大戦後の1960年代にいたるまで、圃場での稲栽培の作業、すなわち作物栽培過程はほとんどすべて人力か畜力でおこなわれていた。そして農作業の動力機械化といえば、ほとんど脱穀や籾摺りや藁加工など収穫後処理過程に限られていた（例外として圃場作業の機械化には揚水ポンプがあるが）。

日本では、なぜ農作業のなかで収穫後処理過程だけが機械化されたのか？

そもそも、機械化以前の江戸時代でも、日本の農家の所有する農具の大半は脱穀・調製やそれにともなう収穫後処理作業のための用具であった。圃場用の農具よりも種類は多いし価格も高い。たとえば、搗き臼と杵、千歯、各種の篩、箕、唐箕、漏斗、木臼か土臼、万石、押切、藁打ち具、俵編み具、各種の桝、秤、物差しその他と、これらを使用・維持・修理するための工具や計測器類など、数十種類に及ぶ。

これとは対照的に、外国の零細米作農家のもつ農具といえば犂《すき》・鍬《くわ》・鎌のような圃場用のものに限られている。なぜ日本だけは田んぼで使う農具よりも収穫後に使う農具の方が多かったのか？　その理由は、日本では籾を農家が一定規格の俵詰めの玄米にまで仕上げる作業を担い、しかもその作業の精度すなわち製品の品質が農家の所得に直結していたからである。

ここで、「作物栽培過程」と「収穫後処理過程」とではその性格がまったく異なることを明確にしておきたい。

圃場作業すなわち「作物栽培過程」は、いわば「自然的過程」であり、作物自身を主人公として、それを取り巻く自然的条件がその引き立て役となっている。人間の労働、すなわち作物栽培の作業は、作物の生育に必要な自然的条件のうち、その欠けている部分を補ってやる傍役にすぎない。もし与えられた自然的条件がその作物の十全な成長・発育に過不足なく備わっていれば、人間労働などの出る幕はない。種子は自然に発芽・成長してその生物としての本来の稔りを与える。

しかし現実にはそうした理想的な状況は滅多にないから、自然条件の欠けている部分を補う必要がある。これが人間のおこなう栽培行為である。降水が不足していれば圃場に水を引き（灌漑）、土地の肥沃度が不足していれば肥料を施し（施肥）、土が固ければ耕す（耕耘）、などなど。

そうした作業の機械化やそのための道具の使用は、人間の都合としては「労力節減」の役には立つが、作物にとっては人力作業となんの変わりもない。たとえば、灌漑は降水の不足・不定期性を補うためのものだから、水路を使って灌漑しようが、ポンプやバケツで給水しようが、作物にとってはその効果は同じことである。耕起作業は、鍬を使って人力で起こそうと、トラクタや畜力の犂でやろうと、その効果に大差はない。だから、作物栽培の過程では、農具や機械は「人間にとっては労力節減になる」、という効果が主たるものである。

したがって、「機械によらなければ栽培行為ができない」などということは原理的にありえない。もし機械を使わないと時期を失するというなら、労力を多用すればいいだけの話である。しかし現実にはそれができないか、あるいは経費がかかりすぎるからという理由で機械を使うにすぎない。栽培過程の機械化はただ人間の便宜・都合のためのものであり、作物自身が本来それを要求しているというものではない。つまり、原理的には、栽培過程の機械化は、作柄の豊凶とは無関係である。

これとくらべて、同じく農作業と呼ばれている「収穫後処理過程」は、もはや作物自身の生育とは無関係であり、人間が作物ないしはその遺体にたいして勝手な操作を加える「人為的過程」そのものである。ここでの道具の使用ないし機械化は、労力節減のみならず収穫物の「品質の維持・向上・変形・加工」など、収穫物を人間にとって都合のよい状態にする行為であり、もはや「工業的」な作業である。機械の使用の有無は製品の品質に深くかかわる。

たとえば、米の籾摺りをするのに搗き臼を使えばできた玄米はほとんど砕米になってしまうが、回転式土臼を使えば砕米の量は半減し、さらにロール式籾摺機を使えば砕米はほとんど発生せず、ほぼ完全な玄米が得られる。

だから、同じく「農作業の機械化」といっても、作物栽培過程の機械化と収穫後処理過程の

作物栽培過程（＝自然的過程）では…

田畑の耕耘を例にとると

A　人力で鍬を使って耕起する

B　畜力を使って犂で耕す

C　トラクタで耕す

どの場合でも、結果はほぼ同じ（A≒B≒C）

労働の効率はまるで異なるが、その効果についてはほとんど変わりがない

収穫後処理過程（＝人為的過程）では…

籾摺り過程を例にとると

A　搗き臼で籾を搗いて籾摺りをする　⇒　砕米だらけの玄米

B　土臼を使って籾摺りをする　⇒　半分くらい砕米になった玄米

C　ゴムロール式籾摺機で籾摺りをする　⇒　砕米なしの玄米

どんな道具を使うかによって、結果はまるでちがう（A≠B≠C）

労働の効率が異なるだけでなく、製品の品質がまるでちがってくる

図13　収穫前（栽培）過程と収穫後過程での用具の意味の相違

機械化とは、その性格がまるで異なっている（図13）。前者では単に人間労働の節約、後者ではそれのみならず製品にたいする価値の付与・増大をめざしている。

そうした理由があるから、かつての日本では農村労働力が廉価豊富であったにもかかわらず、収穫後処理過程にだけは多くの農具を用い、さらには動力機械をも使ったのである。いくら勤勉な農民でも道具や機械なしでは、たとえば篩や籾摺機などのやるような仕事は果たせない。日本では、米の品質（等級）は農家の収入を大きく左右する。それゆえに、労働の能率化（だけ）ではなく、製品の品質、すなわち価値を維持・向上するために、収穫後処理過程にだけはどうしても道具や機械を用いる必要があったのである。

これとは対照的に、他国の零細米作農民は

籾のかたちのままで米を売ってしまう。籾の品質は販売価格にあまり（あるいは、ほとんど）関連していないので、その収穫後作業に道具や機械を使うことが少なかった。

米作の機械化は米の品質向上のために始まった

日本の米づくりにおける機械化のこうした特徴が顕著に現れたのは、第二次大戦直後の農地改革によって地主の農地が在来の小作農に分配され、突如として1ヘクタール以下の零細な自作農が多数創出されたときである。

その直後、彼らのあいだに小型動力脱穀機や小型籾摺機が爆発的に普及した（図14）。それは、零細な土地からの利益を確実に確保し、それをできるだけふやすためであった。零細自作農はわずかな農地での圃場作業、すなわち作物栽培過程は労をいとわず手作業でやったのだが、収穫後処理過程だけは機械化することを選んだ。それによって米の品質が向上し高く売れるからである。

こうして動力脱穀機や籾摺機が零細農民のあいだに普及し、それによって彼らが動力機械に馴れ、その利用・取扱いに習熟し、それがその後の耕耘機・トラクタなど圃場用の機械も導入するきっかけになった。収穫後機械の操作・保守管理に慣れていた農民は、耕耘機の取扱いにもすぐに習熟できたのである。長期間にわたる商品としての玄米生産によって培われてきた農

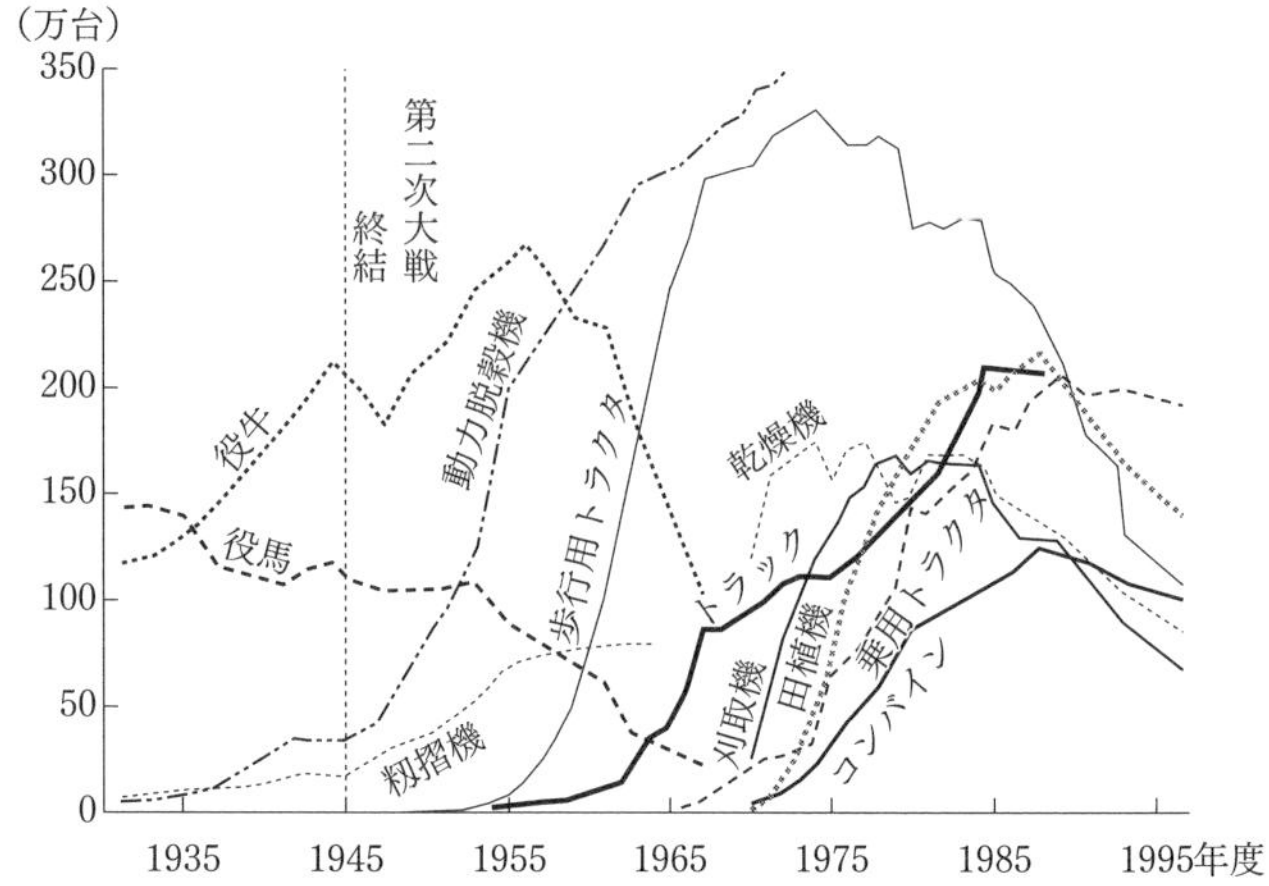

図14　農業機械の普及台数　出典：農水省

民の几帳面さや好奇心、識字・計数能力などが、そうした各種農業機械の導入・利用・維持管理に有利に働いたことはいうまでもない。

零細自作農にとっては牛馬を維持するのが困難であり、しかしまた家畜なしでは田畑の耕起・代《しろ》かき等の作業や収穫物・肥料などの運搬もあまりに非能率である。それで彼らは当時まだ発達過程にあった耕耘機、あるいは歩行用トラクタとも呼ばれた機械を熱望した。そうした農民の要求にこたえて、農機メーカーや研究者は国産の耕耘機の改良につとめ、日本独自の鉈爪《なたづめ》つきのロータリ式耕耘機などが現れ、水田の耕起・代かき・均平・整地の作業などは大幅に能率化された。こうした水田作業の能率化によって、後に稲の稚苗を移植する形式の田植機などの普及の条件が整えられた。

さらに、しばしば見過ごされていることだが、農業労働のなかばを占めるのは運搬作業である。

これが軽量で安価な牽引式耕耘機にトレーラーを連結することによって大幅に軽減されるようになった。農用資材や収穫物等の運搬作業が飛躍的に能率化したのみならず、それはまた家族の自家用車ともなり、農作業の能率化と農民の行動範囲の拡大とに大きく貢献した。このような圃場用の機械である耕耘機は、収穫後機械よりはほぼ10年遅れて爆発的な普及をみるようになった。そしてそれが四輪トラクタ・田植機・刈取機・防除機・コンバイン・乾燥機など各種農業機械の全面的な利用に発展していったのである。

機械化進展の意味

現在の農村ではトラクタとそれに駆動あるいは牽引される各種作業機、コンバイン、田植機、刈取機、防除機などが田畑で働く姿がみられ、部外者の目には、あたかも日本ではすべての農作業が機械を利用して楽々とおこなわれているかのような印象を与えているかもしれない。

だが、それらは小規模米作農家の主要な働き手がふだんは農外労働（すなわち工場・商店・事務所など）に従事し、週末には家族労働をも動員しながら急いで農作業を片付けるために、不経済を承知のうえで導入された機械化なのかもしれない。いや、そうしたばあいが少なくない。言い換えるならば、農外収入と農業収入とを両立させるために、高齢者や主婦にも農作業を分担してもらう便宜上、各種の農機を利用している。だから、農機を導入・維持する費用と農業収入「だけ」とをくらべて機械導入の利害得失を論じるのは当を失している。しかし、一時、「機械化貧乏」という言葉がはやったように、零細農家がこうした各種農機を購入・維持することの経済的負担は小さくはない。

多くの熱帯米作諸国と異なり、高緯度地帯に位置し四季のある日本では、農作業の適期が季節に強く制約されている。日本では熱帯諸国のように、稲刈りをしている田のすぐ隣りの田で田植えをしているというような風景はありえない（沖縄を除いて）。日本ではある作業機械を必要とする時期が近隣農家とかちあうことが多く、共同利用が難しい。そのため零細規模であるにもかかわらず農機の戸別所有が多く、その年間稼働時間は一般にきわめて短い。田植機や籾摺機などは年間稼働日数がわずか数日ということさえ珍しくない。

こうして日本の米作は小規模経営でありながら、耕地面積当たりの保有農機の馬力密度は世界でも首位を争うほどになったのだが、これら農機の年間稼働時間がきわめて短いことを考えるなら単純に「日本の米作では農業機械化がすすんでいる」などといっていいものか、かなり疑わしい。零細な経営規模に加えて、農機へのこうした出費も一因となって、日本の米の生産原価は高くなり、外国からの米の門戸開放圧力に不断に脅かされることになった。

また、日本で米作での農機利用がひろがってきたのは、膨大な国費が米作に投じられて機械の利用をしやすくする条件が整えられたことにもよる。すなわち、湿田の乾田化・土地改良・農地の交換分合・水田区画の大型化・農道や灌漑排水施設などが、各種の補助金などによって整備された。

　では、日本ではなぜこうした膨大な国費が農業、なかんずく私有地でおこなわれる私的産業のひとつにすぎない米作の発展のために投じられることになったのか。

　それは、「米は国民の主食であり、その生産確保如何は国の生存の安否にかかわる」という俗耳に入りやすい大義名分のほかに、政権担当政党が農民票に期待を寄せてきたからである。それにさらに輪をかけたのは、農民の全国組織である農協が強大な圧力団体となって政府に圧力をかけたことにもよる。

　しかしなぜ日本では、零細農民の圧倒的多数が敗戦直後、急速に農協の全国的組織に結集し、それが農民の利益を代表する強大な圧力団体となるにいたったのか。これについて、ある者は「敗戦直後の占領軍は労働組合や農民組合の結成を強く支援したからだ」というが、農民のあいだにそれを推進する強い意欲がなかったら、いくら占領軍が旗を振ってもそれは不可能であったろう。

　これは興味ある問題だが、ここではそれについて考えている余裕がない。ただ、次のことはいえるだろう。すなわち、徳川時代、農民たちは（品質の規定された）玄米のかたちで年貢を納めさせられていたので、籾でのばあいとは異なり、その年貢高を他藩のそれとほぼ正確にくらべることができた。食うや食わずの農民は年貢高についてはきわめて敏感であり、徳川３００年の間に年貢高をめぐって何千件もの百姓一揆があった。戦前・戦中・戦後の農民運動にはその血脈が流れていたのだと。

玄米流通の抱える問題

日本の玄米流通はその長い米づくりの過程で制度化され、零細農家にも収穫した米（玄米）の売買にさいして、重量のみならずその品質の評価を習慣づけた。そのことによって几帳面な農民の利益が守られ、その知識水準と技術的改善の意欲とが高められた。こうして人口の多数を占めた農民が商品流通にかかわることになり、その知的水準と倫理とを向上させ、日本の工業化、近代化に大きな貢献をした。この絶大な歴史的役割はいくら高く評価してもしきれない。このことに日本の歴史家、なかでも産業史家がまったく興味を示さないのが不思議である。

しかし他方では、世界の籾流通の慣行と異なり、日本が古来の玄米流通を墨守することによって、現在、大きな損失を甘受している。この問題は、玄米流通が日本の文化の形成に果たした歴史的な役割などとはまったく別の観点からの話である。つまり、「日本では米を扱うのに籾ではなく玄米を扱うことにしたことによって、輸送や貯蔵などの機械化された現在、どれだけの損失を甘受せざるをえなくなったのか」という実利的な問題である。どうかここで、これまでの視点からアタマを切り替えていただきたい。

世上、往々にして「籾を玄米にすることによって、その体積はほぼ半分になる。だから、貯蔵や輸送が安価で容易になる」という論がある。こうした意見が専門家にも信じられていることがあるが、これはまったくの誤解であり、実際はその逆である。

稲という植物は、その種子が成熟して地上に落ちてから発芽するまでの間に傷ついたり腐敗したりしないように、それに籾殻という着物（あるいは、むしろ「鎧」といった方がいいかもしれない）を着せてくれた。だから、米粒を貯蔵するなら、自然が着せてくれたこの有難い衣服すなわち籾殻を着せたままで保存するのがきわめて自然な成り行きである。

ところが日本では、ある社会的歴史的経緯と、それを辛うじて可能とした自然的条件との組合わせのせいで、米粒の保護衣である「籾殻」をわざわざ脱がせて、玄米という「裸」の状態にして流通・長期貯蔵などをするという異常な事態になった。とくに、米の長期貯蔵を籾ではなく玄米にしておこなうなど、世界の常識からいえばほとんど常軌を逸している。

日本では、これを今後ともしばらくは続けるにしても、それがいかに不利・不経済なことであるのかは自覚しておく必要があるのではないか。

玄米は「裸」なのだから、わずかな衝撃・摩擦などによって表面の柔らかい「皮膚」、つまり糠層が傷つけられる。そこから米糠の酸化が始まり、その米粒から隣接した米粒をも損なうにいたる。だからこそ、玄米の品質検査では糠層に傷がある「胴擦れ米」が含まれていると米の品位等級を下げる一要因とされる。

これにたいして、籾のばあいには少々の衝撃や摩擦では傷つけられることがない。だから、籾の輸送・貯蔵などには各種の機械的輸送装置（コンベア類など）も使って、能率的なバラ輸送・バラ扱いができる。

これは重要な点だからよく理解していただきたい。穀物などの「粒体」は、水のような「流体」としても扱うことができるのである。粒体と流体とは語の発音が同じだが、その性状にも共通の面があり、どちらも袋や容器などに入れずバラで扱うことによって、水のようにポンプなどで効率的に流したり運んだりすることができるのである。

籾などはコンベアやポンプ類似の装置によって管（パイプ）を通して上下左右に流し込めるので、輸送や貯蔵が簡単に機械化できる。ところが、玄米は傷つきやすいからそうしたバラ扱いがほとんどできず、基本的に、袋や俵などの容器に入れて個別に扱うしかない。これがどれだけ輸送や取扱いの手間・経費をふやすかは容易に想像できよう。

玄米は、いったん湿らせてしまったら再乾燥が困難であり、破棄されるか工業用原料にまわされることが多い。玄米の貯蔵や輸送では雨漏れや結露には極度の注意が必要であり、その設備や容器などは繊細・高価なものとなる。これにたいして、籾は「着物」を着ているから、たとえ多少濡らしても再び乾燥することができる。

また、籾も玄米も生きているから呼吸をし、呼吸熱を発生する（「玄米はもう死んでいる」と思っているひとがいたらそれは間違い。玄米には胚芽がついているから、蒔けば発芽する）。その熱が大気中に発散されなければ穀温は上昇し、変質してしまう。しかし籾であれば、よく乾燥さえしてあれば、そのまま堆積（バラ積み）しても呼吸熱が発散される。日本国内のカントリエレベータで籾をサイロにバラ貯蔵しているのにみられるように。

もし玄米を籾と同様にバラで堆積しておいたら、呼吸熱が発散しきれず、穀温が上昇して変質してしまう。玄米には籾殻がないので粒と粒とのあいだの空隙が狭いからである。そのため玄米貯蔵では、籾のばあいのようにバラで積み上げておくことはできず、俵や袋など通気性のよいいれものに入れて、そのあいだに少し間隙をもたせて積み上げなければならない（図15）。

しかも、こうして積み上げた袋の山（これを「ハイ」と呼ぶ）をときどき積み替える必要がある。

図15　俵詰め玄米の貯蔵　原図：筆者

この作業を「ハイ替え」と呼ぶ。ハイ替えの作業ができるためには、ハイとハイとのあいだに間隔をとっておく必要がある。ハイ替えの作業は機械化が困難なので、人力で相当の労力を要していた。現在では米袋をパレット（荷置き台）の上に数段積み重ね、それをフォークリフトでパレットごと積み上げることによってかなり省力化されたが、それでもパレットごとのハイ替えが必要である。

現在では俵や米袋に代わって玄米500キロまたは1トンの容量の「フレコン」と呼ばれる通気性のある袋が使われることもあるが、このばあいでも積み上げたフレコンをときどきフォークリフトを使って積み替える必要がある。

これにたいして、籾であれば、サイロや平底倉庫などにコンベア類を使って流し込み、バラ貯蔵できる。籾の含有水分や結露の状況や空気湿度などによっては通風やローテーション（入れ替え）などをすることもあるが、この作業にはほとんど人手を要さず、機械化できる。通風も搬入も搬出も、ボタンひとつで換気扇やコンベアや切替弁などを動かせばよい。

現在では玄米は低温貯蔵をしているから倉庫内の温度と湿度の厳密な管理を要し、玄米倉庫は籾倉庫よりも建設単価のみならず維持費も高くなる。しかも袋貯蔵とハイ替えのために必要なスペースを勘定すると、籾のバラ貯蔵のばあいより「必要な倉庫容積が小さくなる」どころか逆に大きくなる。さらにハイ替えの手間と費用、袋による米の汚染、袋の更新の手間と費用、機械輸送の困難さなどを考えたら、籾ではなく玄米にして貯蔵する方がはるかに高価になることは明らかである。

しかも、いくらこうして懇切ていねいに取り扱っても、玄米は籾よりも長期保存が困難である。だから、江戸時代に都市の非常用備蓄米として保管された米は玄米ではなく籾であった。いまではゴムロール式籾摺機を使って籾摺りをするから、当時とは比較にならないくらい玄米中の胴擦れ米は少なくなっているはずだし、摂氏15度以下の低温貯蔵もしているが、それでも玄米表面の微細な傷から玄米の酸敗は進行する。玄米を貯蔵している備蓄米倉庫に一歩足を踏み入れれば、米の酸化を示すいわゆる古米臭が鼻をつく。

だから、大きな農家で自家保有米を大量に保存するときには、収穫期にその分の籾だけは籾摺りしないで籾のままで貯蔵した。それを消費するときには、いちいち籾摺りしてから精米するという煩わしさがあるにもかかわらず。

玄米で貯蔵された備蓄米は、数年たてば古米とか古古米とか呼ばれてもはや人間の消費には適さないものとされ、家畜の飼料や工業原料などにまわされてしまう。もったいない話である。籾貯蔵をしている世界の国々では、5年や7年貯蔵された籾からできた白米を食用にするのは当たり前の話で、そうした米がむしろ珍重されることが多い。なぜなら乾燥がすすむので炊飯したとき「炊きぶえ」するし、また粘りけが減って味がよくなるから。

備蓄玄米の頻々たる更新が経費の無駄使いであるのみならず、食糧の安全確保の点でも不利なことは明らかだろう。これまで政府備蓄米は政府倉庫に国庫負担で保管されていたので、誰の腹も直接には痛まず、国費の無駄が見過ごされていたのだろう。

玄米流通制度は、日本の米作農民に作業の負担も強いたが、彼らの利益を長年にわたって守ってきた。また、それによる彼らの知的発展と規律の獲得とによって日本の近代文明形成の足掛かりをつくるという歴史的に巨大な貢献をもしてきた。だが、輸送機械や動力が自由に使える現在になってみれば、玄米の輸送・取扱いの不便さ、貯蔵玄米の品質維持の難しさ、不経済さの面が目につく。このシステムを一朝にして廃棄したり変えたりすることは困難だが、早晩そのあり方は一考を要することになるだろう。

米の収穫後過程とそのための機械

籾を乾燥する

米の品質を評価するうえで「砕米」の多寡はきわめて重要である。砕米がどのくらいできるかは「籾がどのようなやり方で乾燥されたか」がふかくかかわっているのだが、このことがしばしば軽視されている。良質の白米を得るための出発点は籾の適切な乾燥のし方にある。

籾粒に含まれている水分は、籾の表面すなわち籾殻から蒸発させるしかない。つまり、籾粒内部（玄米）の水分は籾殻にまで拡散・移動させなければならないのだが、それには時間がかかる。もし籾を強い直射日光などで急速に乾燥すれば、籾殻やその付近の玄米表面はカラカラに乾くが、玄米内部の水分の籾表面への拡散はそれに追いつけない。それで籾殻に接した玄米の表面は乾燥し収縮するのにたいし、玄米の中心部にある水分はあまり変わらない。こうした玄米表面近くと玄米内部との水分差によって、玄米粒の表面に亀裂が生じる。こうなった米を胴割れ米と呼ぶが、胴割れ米は精米過程でほとんどすべて砕米になる。だから日本では、籾の乾燥にさいしてはその乾燥速度（水分減少の速さ）を毎時水分減少率1パーセント以下にすることが勧められている。

多くの人は、砕米ができる原因は籾摺りや精白（精米）の過程で米粒に圧力が加えられるからだと思っている。だから、「よい籾摺機やよい精米機を使えば砕米の発生は防げる」と考えている。だが実は、米が砕米になる主因はそこにはない。「籾の乾燥時に胴割れを発生させたか否か」の方が決定的に重要である。

また「籾の過乾燥が砕米の原因だ」と信じているひとがいるが、籾の乾燥速度がゆっくりなら、いくら低水分にまで籾を乾燥しても砕米とはならない。

現在日本で使われているたいていの籾乾燥機では「間断式乾燥法」（テンパリング式乾燥法）がとられている。この方法によれば、乾燥による米の亀裂・胴割れはきわめて少なくて済む。この籾乾燥法は、籾が「籾殻という丈夫な衣をまとっている」ということを巧みに利用している。

間断式乾燥法の籾乾燥機は、上部に大きな籾タンクを、その下に小さな乾燥部を備えている。タンクに入れられた生籾（未乾燥の籾）はタンクの底から流下して乾燥部を素早く通過してから持ち上げられて、再び籾タンクに戻る。籾はタンク内に数時間滞在してから再び乾燥部を通る。これを繰り返してタンク内の籾が乾燥される(図16)。

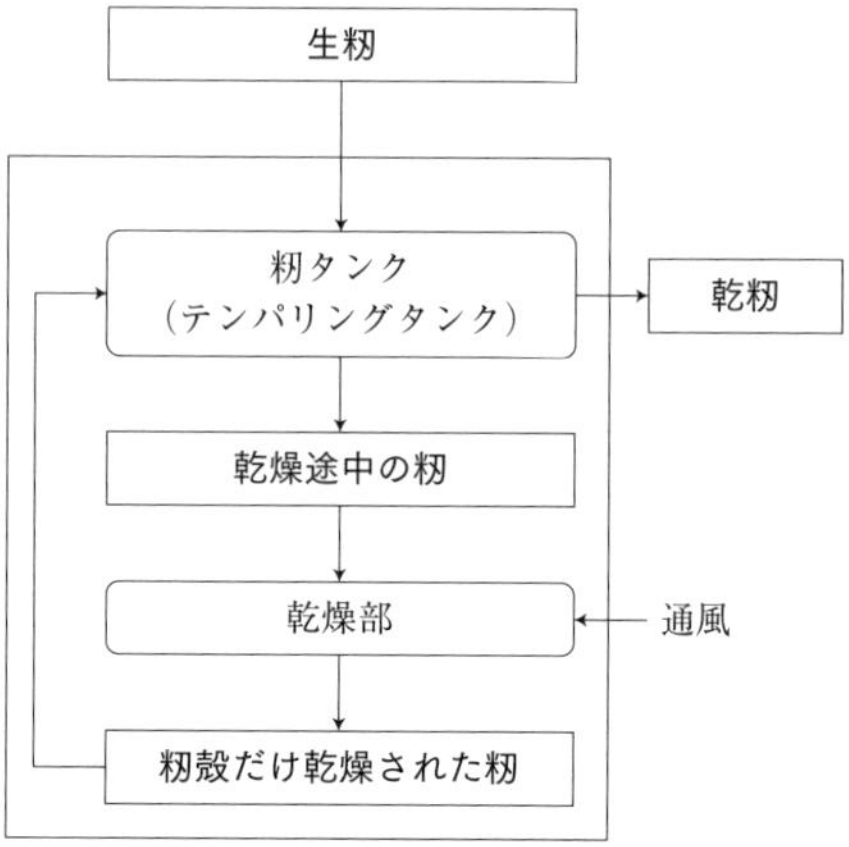

図16　間断式乾燥機内の籾の流れ

籾が乾燥部を通過する時間は短いから、籾表面の籾殻だけしか乾かされない。籾殻は丈夫な繊維でできているから、急激に乾燥しても問題ない。籾が籾タンク内に戻ってそこに数時間留まる間に籾粒内部(玄米部)の水分が乾いた籾殻に吸われ、玄米部は水分を籾殻に与えた分だけ乾き、籾殻はふたたび湿る。籾はやがてまた短時間熱風にさらされ、すぐ籾タンクに戻る。これを繰り返して籾(玄米)の水分は籾殻を介してゆっくりと乾燥させられる。乾燥機内の個々の籾粒は、〈乾燥過程〉と籾内部水分の籾殻への〈拡散過程(テンパリング過程)〉とを交互に繰り返すことになるが、乾燥機全体としてはその機内で循環する籾を順番に乾燥させているわけだから、連続的な運転となっている。

こうした乾燥法をとれば、籾粒の内部と籾粒表面との水分の差（水分勾配）があまり大きくはならないから、籾粒内部（玄米）に亀裂を生じることはない。また燃料の消費も最低限に抑えられる。

実は、天日による籾の乾燥でも、やり方によってはテンパリング式（間断式）乾燥法が可能であり、アジアやアフリカの一部の商業精米所ではこれを実行している（117頁参照）。それは籾を天日乾燥するとき籾を薄く拡げず厚い層にして、頻繁に攪拌することである。上層の籾は日光にさらされて籾粒表面が急速に乾く（乾燥過程）が、次の瞬間攪拌されて下層に追いやられてそこで籾内部の水分がゆっくりと表層の籾殻に移動する（テンパリング過程）。攪拌が続けられるから、これを繰り返すことになる。

籾からゴミを取り除く

小規模の米作では概して籾はきれいであるからとりたてて籾の精選を意識することはないが、大規模なばあいにはこれが大問題となる。この作業が不十分であると、籾倉庫や精米所内の各種機械内やそれらをつなぐパイプやタンク内にゴミがだんだんに溜まり、ついには各種機器類をつまらせたり、過負荷が生じたりする。精米所でいちばん多い故障は、機械自体の故障よりもこうしたゴミのつまりによって引き起こされるものである。

籾からのゴミ除去に使われるのが「籾粗選機」や「籾精選機」である（図17）。前者は主として大きなゴミ、後者は小さなゴミを取る。

これらの機械の作用は、主として、風をあてることによって藁などの軽いゴミを吹き飛ばす（風選する）ことと、振動あるいは回転する篩によって籾よりも大きいゴミと

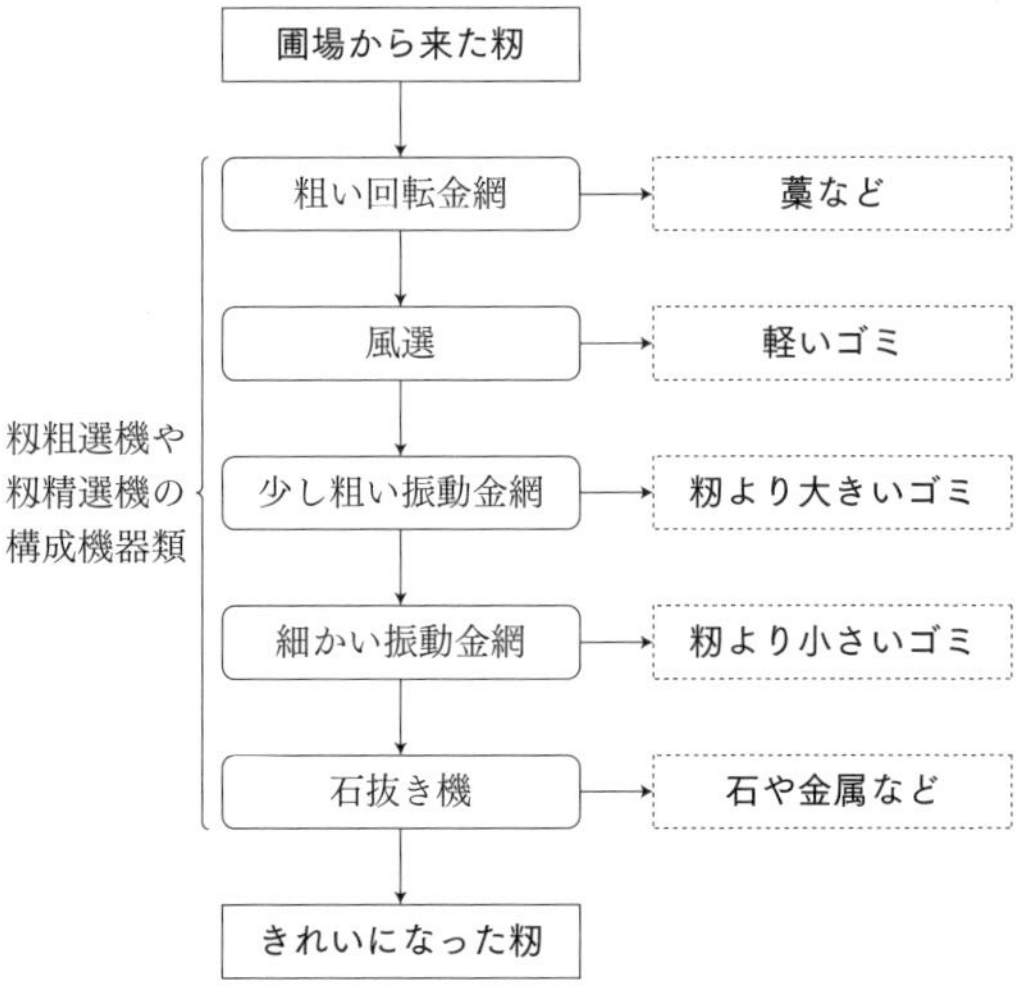

図17　籾粗選機・精選機の機能

小さいゴミとを分離（ふるい分け）することである。ときには、「石抜き機」もこれに組み合わされて、籾と同じ寸法の比重の大きい石や金属片などの除去に使われる。機械を使わない手作業による籾精選では、箕や唐箕などで風をあてるのと、大小各種の篩とによる。

籾を玄米にする

籾からその籾殻を除去して玄米にすることを「籾摺り」という。そのための機械は「籾摺機」と呼ばれる。「籾摺り」はまた「脱稃《だっぷ》」とも呼ばれる。稃《ふ》とは籾殻のこと。籾摺機に籾を通して玄米になる割合を脱稃率と呼ぶ。しかし、「脱稃」という語は非常にしばしば「脱穀」と混同される（専門家によってさえ！）。だから「脱稃」とか「脱稃機」などという語はできるだけ避けて、「籾摺り」「籾摺機」と呼ぶ方が望ましい。「稃」というのもあまり使われない文字だし。

現在、世界中で圧倒的に多く使われている籾摺機は「ゴムロール式籾摺機」であり、これは大型精米工場でも零細な日本の農家でも使われている。この機械は、逆方向に回転し、周速度の異なる一対のゴムロールのあいだに籾を落として玄米から籾殻をはぎとる（図18）。この機械は短粒米にも長粒米にも効果的に使え、籾を砕くことなく高い脱稃率（短粒米なら90パーセント以上）で籾摺りでき、砕米を発生することはほとんどない。玄米表面の糠層にほとんど傷をつけないので、玄米の長期貯蔵をする日本にはとくに適している。ゴムロールは消耗品であり、交換を要する。

ゴムロール式以外では、「衝撃式（遠心式）籾摺機」が日本の小農家でときどき使われる。これは、籾を高速でプラスチック板あるいはゴムリングなどに斜めに衝突させて籾摺りするもの（図19）。よく乾燥した籾なら高い脱稃率が得られるとされているが、ゴムロール式にくらべて砕米を生じやすい。しかし構造が簡単で、重量が軽くて運搬が容易であり、安価につくることができるので重宝がられることもある。第二次大戦後、東南アジアで農村精米所が発達しはじめたころには広く使われていた。

日本の農家で使われる小型の籾摺機には、次項で述べる籾分別機が一体となって組み込まれていることが多く、籾摺機から直接純粋な玄米を取り出すことができる（図11、35頁参照）。

かつてヨーロッパ製の大型精米所では「円盤式籾摺機」が広く使われていたが、現在ではほとんど姿を消した。この機械は2つの円盤のあいだに籾を挟んで籾摺りをするが、砕米の発生がはなはだしく、また調整にも保守にも時間と根気を要した。さらに返り籾（次項参照）の処理や籾殻除去などには付属機械を要した。

後述する「エンゲルベルグ式機械」は、籾摺機としても精米機としても使うことができる。

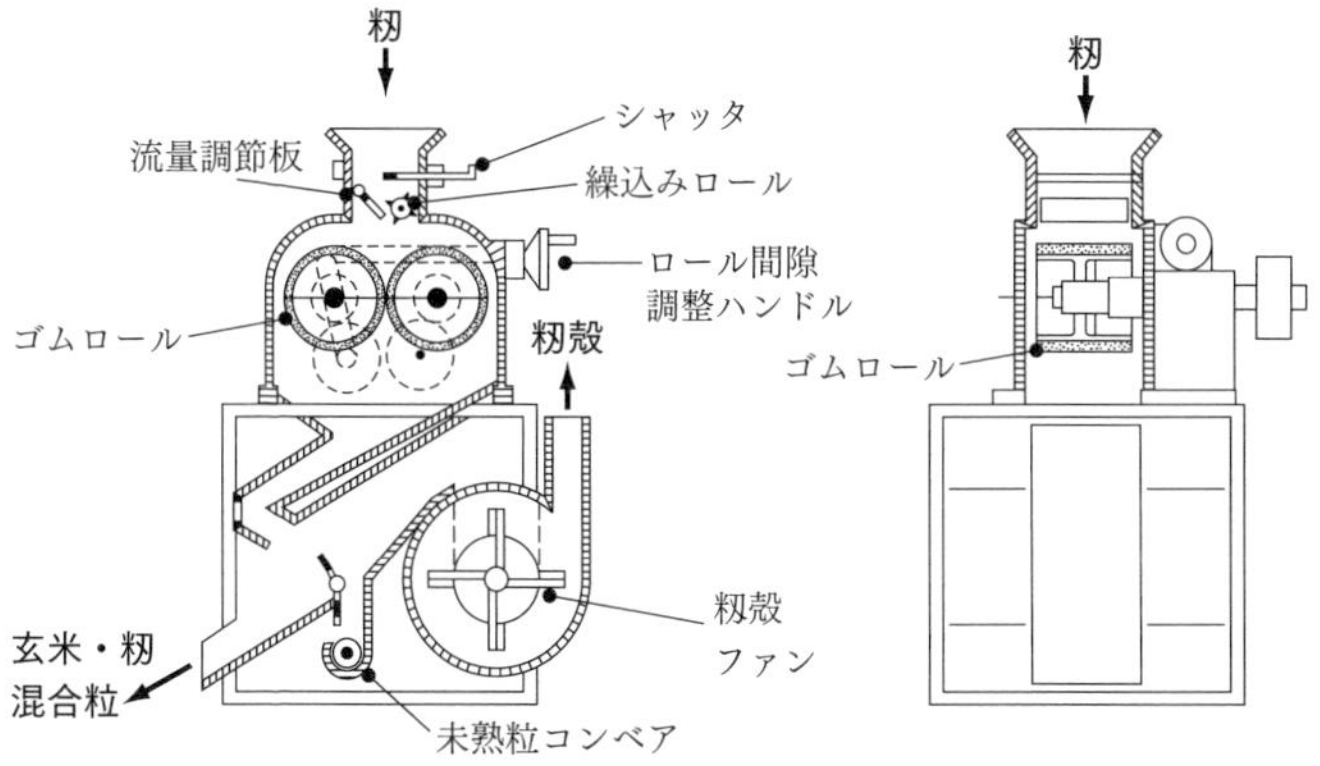

図18　ゴムロール式籾摺機
出典：増本豊次郎「世界各地における籾摺精米機の
概要」『農林業協力 専門家通信』vol.3、No.3、23頁

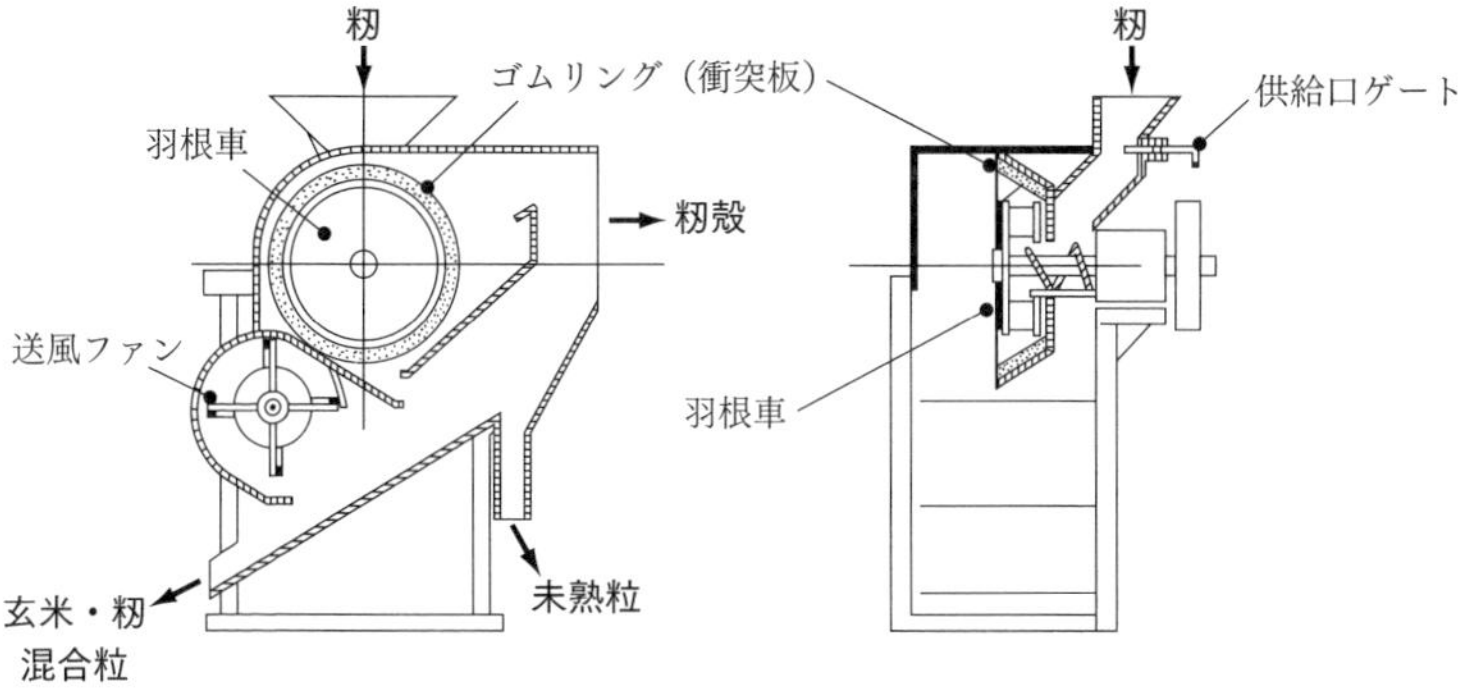

図19　衝撃式籾摺機
出典：図18と同、24頁

玄米に残る籾を分離する

諸外国では玄米は籾を白米にする途中で現れる過渡的存在にすぎないから、必ずしも玄米が純粋なものである必要はない。玄米に混在している多少の籾はひきつづく精米過程で籾摺り精米されるから。しかし日本では玄米流通だから、玄米には籾が混入しないことが求められる。諸外国でも、精米機に圧力の低い研削式(次頁参照)を使うばあい、玄米中に籾が残存していると白米中に籾がでてくる。これを防ぐには、玄米に混じっている籾を分別しなくてはならない。

籾摺機から出てくる玄米に残存する籾粒を分離し、それを籾摺機に送り返すための用具・機械が「籾分別具」あるいは「籾分別機」である。玄米から分離されて籾摺機に送り返される籾を「返り籾」と呼ぶ。

もっとも原始的な籾分別具が「揺すり板」(図8、27頁参照)である。これは微細な突起のある平板あるいは竹や籐で編んだ箕などで、この上に籾混じりの玄米をのせて水平にちかいある揺すり方をするとその一方の端に籾が、他方の端に玄米が集まってくる。この作業には相当の熟練を要する。

日本では18世紀末ごろには揺すり板に代わって「万石《まんごく》」あるいは「万石通し《まんごくどお》」が籾分別機として使われるようになった。斜めに置いた1層または数層の金網の上から籾混じり玄米を流し、玄米と籾とを分かれるようにしたものである。万石は改良を重ねて分別性能が改善され、農家用のゴムロール籾摺機にはこれが組み込まれた（図11、35頁参照）。

万石の適切な使用には熟練を要するので、万石が組み込まれたゴムロール式籾摺機が長粒米地域に輸出されたばあいには顧客からの苦情が絶えなかった。長粒米のばあいにはよりいっそう微妙な調整が必要とされる。この問題を一挙に解決したのが、1960年代に日本で開発された「揺動式籾分別機」である。これは短粒米にも長粒米にも使え、玄米と籾とを完全に分離でき、取扱いも容易である。万石にくらべればこの機械は動力を要し、高価でもあるが、まず国内のライスセンターなどの施設や輸出用精米プラントに組み込まれ、その後、農家用籾摺機にも組み込まれるようになった（図20）。

研削式精米機を使うヨーロッパ式精米所では、長い間「小区画式籾分別機（compartment separator）」が使われてきたが、この機械は籾と玄米とを同時に純粋に取り出すことはできず、図体が大きい割には性能が低い。現在ではもはや新設されることはないようである。

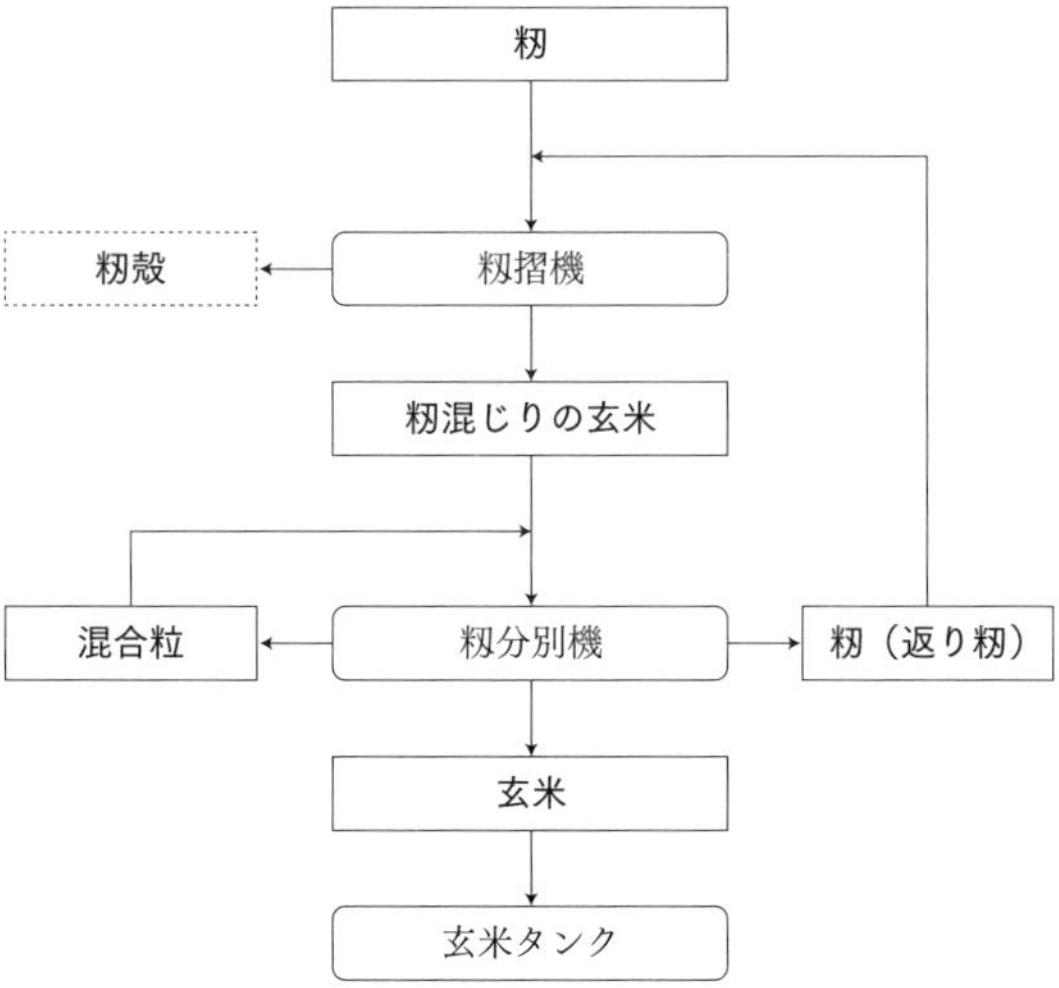

図20　籾摺機と籾分別機内の穀物の流れ

玄米を白米にする

玄米からその表面の糠や胚芽を取り去って白米にすることを「精白（精米、搗精《とうせい》）」という。その方法は大別して2つある。

そのひとつは、玄米に圧力をかけて攪拌し、その糠層に小さな傷をつけ、そこからちょうど蜜柑の皮を剝くように糠を大きくはぎとるやり方である。玄米を臼に入れて杵で搗いて白くするばあいは、この方式の精米法をやっていることになる。これを「摩擦式精米」、あるいは「圧力式精米」と呼ぶ(図21)。できた白米の表面は滑らかで光沢があり、糠は大きな薄片となる。世界の大半の精米機はこの方式である。

もうひとつのやり方は、米粒を回転する砥石にあてて、米の表面を削り取るもの。おろし金でレモンの皮を削り取るようなやり方である。これは米に加える圧力が低くて済む。この精米法は、外国で長粒米を精米するときや、日本で酒米をつくるときなどに使われる。できた白米の表面は艶がなく白っぽくなり、細かい糠が発生する。これを「研削式精米」とか「速度式精米」と呼ぶ(図22)。この方式の精米法は、機械が高価であり、その運転にも熟練を要する。

日本で戦前から使われていた摩擦式精米機は後述のエンゲルベルグ式機械に類似しているが、日本では精米工程は純粋な玄米からおこなわれるので、それよりも低い圧力の機械(清水式など)が開発され普及した。玄米を白米にまで仕上げるのに、機械に米を何回も通す必要があった。円筒摩擦式精米機と呼ばれる。

それが戦後大幅に改良され、「噴風摩擦式」と呼ばれる精米機(図23)となり、玄米を機械に1回通すだけで糠の付着していない美麗な白米に仕上げられるようになった。

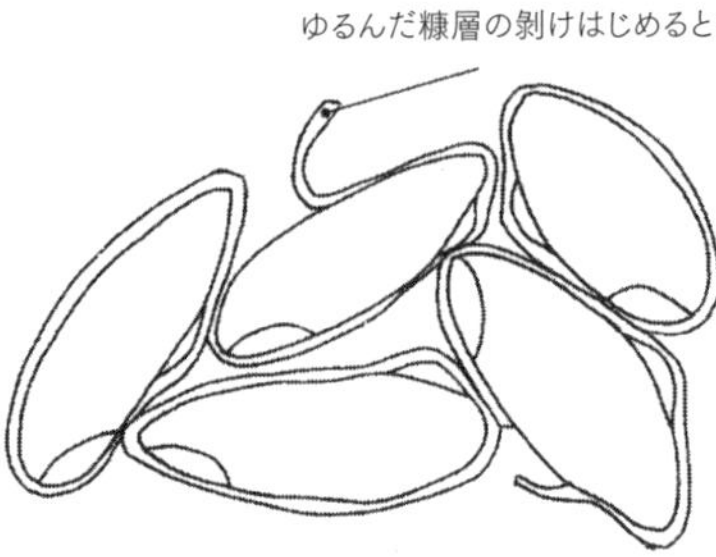

図21　摩擦式精米では糖層しか剝けない
原図：筆者

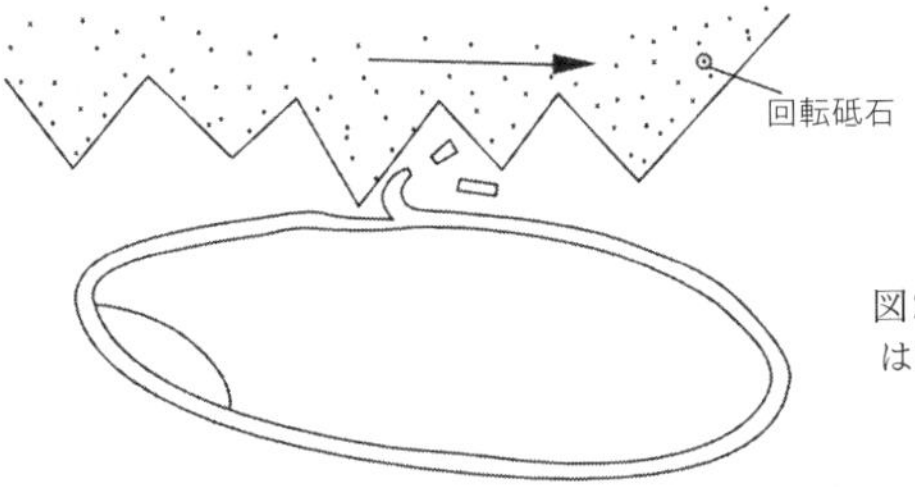

図22　研削式精米では米はいくらでも削り取られる
原図：筆者

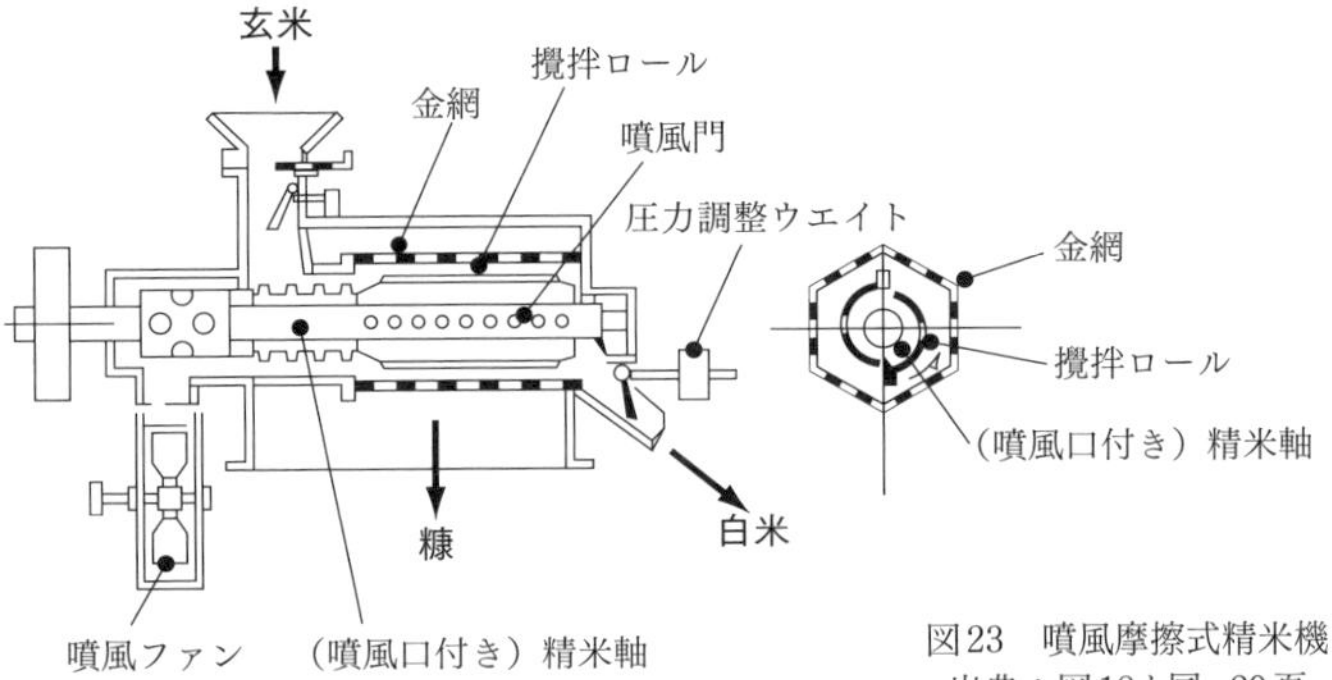

図23　噴風摩擦式精米機
出典：図18と同、29頁

いまではこの型式の精米機が世界の摩擦式精米機の標準になっている。

日本の米は短粒米だから、主食用の米はすべて基本的に摩擦式精米機で精米する。だが、まず研削式精米機によって玄米の表面に軽く傷をつけてから摩擦式精米機に通すようにすればわずかの圧力で精米ができる。だから現在では短粒米にも最初に研削式精米機を補助的に使うことが多い。

戦前、研削式精米機がまだなくて摩擦式精米機しかなかった時代には、玄米の滑らかな糠層に傷をつけるために、玄米に砂や石粉や籾殻など（これらを「搗き粉」と呼ぶ）を混ぜて精米をした（宮沢賢治が晩年搗き粉を売り歩いたことはよく知られている）。精米が仕上がったあとで搗き粉は除去される。搗き粉を使わずに搗いた白米はとくに「無砂搗き米」と称された。

白米をきれいにする

できた白米をきれいにするには、まずそれに付着した糠を取り去り、そこに含まれる小さな砕米を取り除き、それから完全米・大砕米・小砕米などに分ける。

日本で栽培される短粒米では、精米によってあまり砕米を生じないのでこの過程はあまり重視されないが、中・長粒米栽培地域で商品とする白米をつくるばあいにはこれが重要な過程となる。

米粒には、その長さ・幅・厚さという3つの異なった寸法があるから、そのどの寸法によって米を分離するかによって、各種の機器を使い分ける必要がある。その詳細については煩瑣にわたるので省略する。

エンゲルベルグ式機械

この機械をここでとりあげるのは、これがほとんど万能の機械であって、その性能の良し悪しを問わないならば、籾摺りにも、精米にも、白米を磨くにも、籾からノギ(芒)を除去するのにも、各種穀物などを粉砕するのにも使えるからであって、米のどの加工工程の機械とも特定できないからである(図24)。

19世紀末にコーヒー果実の皮剝き機として発明され、それが米の籾摺りや精米、各種穀物の粉砕などに広く転用されるようになった。ほとんど鋳物の部品だけで構成された単純な構造の機械であるから各国で模造され、いろいろな名で呼ばれている。フィリピンでキスキサンkiskisanと呼ばれる精米機はこの機械である。部品点数が少なく、丈夫で維持費もあまりかからないので重宝され、諸外国の初期の農村精米所はこの機械1台だけで籾摺りも精米もしていて、しばしばハラーミルhuller millと呼ばれた。

いまでは「博物館行き」の機械の見本のようにいわれることが多いが、適切に使え

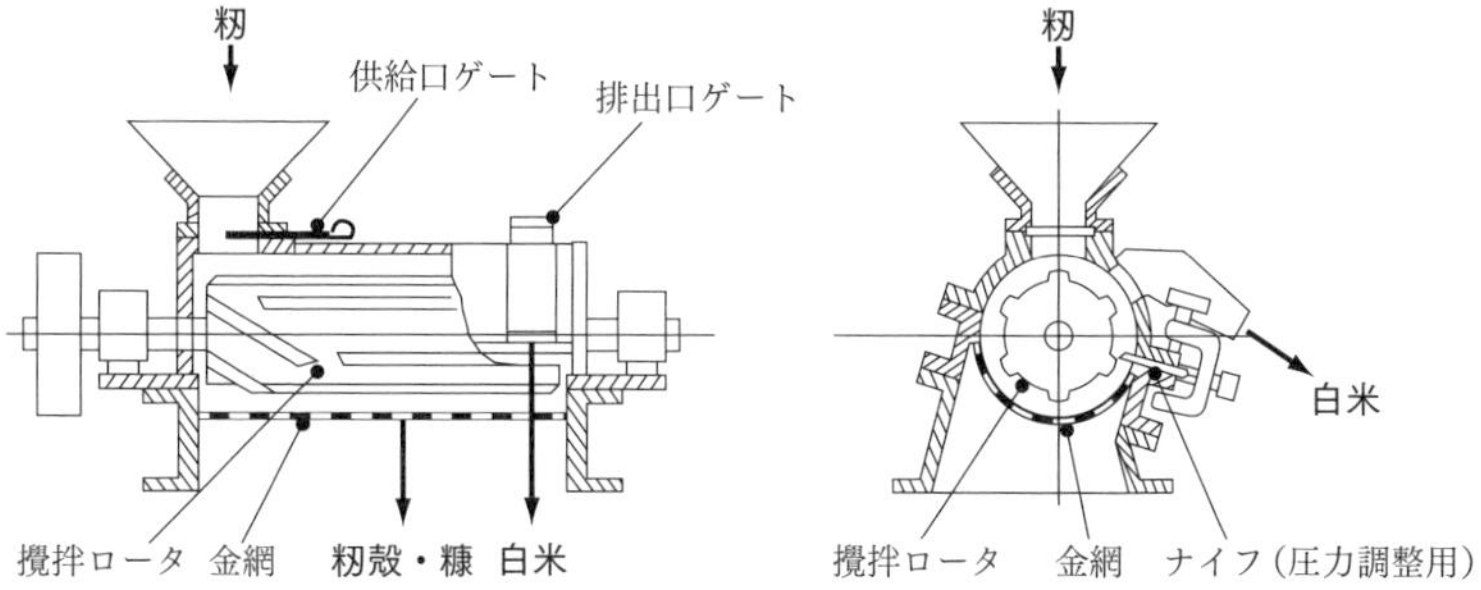

図24　エンゲルベルグ式機械
出典：図18と同、21頁

ば相応の威力を発揮する。しかし構造が単純な機械の常として、そのためにはかなりの熟練を要する。第二次大戦後までアメリカ合衆国の大型商業精米所ではこの機械を籾摺り過程にも精米過程にも使っていた。

日本ではこの機械が使われることはほとんどなかったが、日本の摩擦式精米機として広く使われた横軸・円筒形式の清水式精米機などはこの機械が参考にされたのではないかと思われる。それまでの日本の動力式精米機といえば臼と杵による米搗きの動作を単に機械駆動したものであったのだから。

CHAPTER

2

農民が米作に熱心でないとすれば、そのわけがある

米が儲かる作物なら生産はたちまちふえる

日本では1960年代の半ばに、米不足を案じた政府が政府の玄米買入れ価格を約1割引き上げた。当時、米は政府の全面的管理下にあり、生産した米は政府によって全量買い上げられたので、その価格引上げはそのまま農民の所得の増大となった。

米がこれまでよりもずっと儲かるようになったと知った農民は、水田だけでなく畑地にまでもポンプを設置し水を引き入れ、さらには林地や、桑畑の桑も引き抜いてまで稲を植え、あらゆる手段で米づくりに狂奔した。その結果、米の生産量はたちまちふえ、わずか数年のうちにそれまでの米不足から一転して過剰となった。政府米の備蓄倉庫には米が溢れるようになり、

今度は政府が米の在庫調整におおわらわとなった。

日本の米価は世界のそれとはかけ離れて高いので、余剰米を輸出にまわすことはできない。援助で途上国に無償供与するにしても、短粒で粘りの強い日本の米は多くの国の嗜好にあわず、あまり歓迎されない。

増大する食糧管理会計の赤字に困惑した政府は、従来の米増産政策から一転して、今度は農家にたいして米の作付けを制限する行政措置をとった。地域ごとの米の作付け割当・生産制限、いわゆる「減反」である。だが、農民はそれをかいくぐって米づくりを続け、政府は以後長く米の過剰供給に悩んだ。当時、さまざまな「余剰米処理」の方策に悩んだことは関係者のあいだでは鮮烈な記憶として残っている。

こうした現象、つまり「米が高く売れるなら、その生産意欲は高まる」というのは日本だけの特殊事情ではない。たしかに、かつての日本のように政府による全量買上げというような例はあまりないだろうが、商品として民間流通するばあい高く売れれば生産意欲が高まるというのは当然のことである。

タイ南部の沿岸地方にはサトウキビ農家がたくさんあるが、米の市中価格が上がると農家はサトウキビつくりをやめて一斉に米づくりに転換するし、それが下がればまたサトウキビ栽培に戻る。こんな例は世界中いたるところにあり、ごく当たり前の現象である。「米不足であるにもかかわらずその生産が間に合わない」というような状況が長く続くとすれば、それは、農民にとっては米づくりがあまり儲からないような事情がどこかにあるからである。そうした状況を改めないのであれば、いくら農民に技術指導などをしても無効であるのは明らかだろう。

その逆に、もし米づくりが農民にとって有利なものであれば、農民自身が増産の条件を整えるのに積極的になる。米作発展の最重要な条件である灌漑設備についても、彼ら自身がまずそれをなんとかして実現できないかと考える。もし米の増産のために人手をやとうのが高くつくなら、農民自身が米作の機械化に熱心になる。政府がいちいちその必要性を農民に説いたりするには及ばない。

しかしもし、米をつくっても儲からず、農民に増産意欲がないならば、政府がいくら旗をふっても、また灌漑の拡大が必要だとしてカネを投入しても、それは実現できないだろう。たとえば灌漑についていえば、その効果的な実施には当該地域の農民の積極的な協力と利害の調整とを必要とするものである。農民自身がそれを必要だと感じていないかぎりそれは実現できないし、仮に実現したとしても、実際には機能しない。政府や国際援助機関などがダムや用水路をつくったにもかかわらず、それらが一向に農民に利用されなかったという例はあちこちにある。

籾の「最低買取り価格」は無意味

アジアやアフリカでは、米の生産をふやそうとする政府が、米作農民の生産意欲を刺激するために、「農家の籾売渡し最低価格」を定めることがある。政府が籾集荷業者にたいして籾買取りの最低価格を提示し、彼らにこれを守ること強く推奨するとか、あるいはこれを守らずそれよりも安く籾を買い取る業者にたいしては罰を課す、などというものである。これによって農家に米作からの収入を保証し、農家の増産意欲を引き出そうとするわけだが、それが実効をもつことは稀であった。

なぜなら、何十万という零細農家の籾売渡しの現場を政府が監視するなど実際上不可能であり、また、籾の品質は千差万別であるから、集荷業者が最低価格を守らない口実はいくらでもあるからである。

さらに、零細農家は前借金その他で籾集荷業者に負い目があることが多いので、籾最低価格による買取りを強く主張することなどできない。もし農家が安い籾買取り価格に不平を唱えるなら「不満ならよそに行って売ってくれ」といわれ、業者の不興を買ってかえって不利な立場になるのが落ちである。それでも強気の農民が「『籾買取り最低価格』が決まったと新聞に書いてあった」というと、「それなら新聞社に買ってもらえ」などとからかわれる。だから、おそらくただの1件も、業者によって零細米作農民にたいして「最低価格」が実際に支払われたなどという例はなかったのではないか。

しかし、次のようなこともある。インドネシアのある農協精米所の決算報告書をみると、その収入欄の1項目に「籾最低買取り価格支払いにたいする政府からの補塡金」としてある金額が記載されていた。つまり、この農協は「農民」の誰かに「最低買取り価格」を支払ったことになっている。そんなことはおそらく誰も信じない。だが、その「農民」か、あるいは「農協」のどちらかが、あるいはその両方ともが、実は名前を変えた政府のお役人かその知人であるとすれば、これはありえない話ではない。だから、この「最低買取り価格」なるものは、実際の農民ではなく、誰かにとっては間違いなく有用なものであったろう。

籾最低価格が（帳簿上は別として）実際には守られないなによりも決定的な理由は、「籾は籾殻をかぶっていてその中味がみえない」ということにある。籾集荷業者は、籾集荷業者に「その籾は標準以下の品質だから安くなる」といわれても反論できない。農民は、籾がよく乾燥されよく風選してあって空欠粒や未熟粒などが除去されていることを要求し、農民もまたそのように努力して売る。だが、籾殻を取り去った中味の玄米が、変色しているか、虫害粒があるか、胴割れ粒があるかなどはわからない。それは売り手にも買い手にもわからない。中味がわからないのだから、買い手はその品質を最低だと仮定して安く買う。それは買い手の自己自衛策であるから、一概にこれを非難することはできない。

現在では籾の買取りはたいていのばあい、その目方によることが多いようだが、ときには目方（重量・質量）ではなく体積（容積）でおこなわれる。そうなると、籾の品質についての疑わしさだけでなく、その量目についてさえも疑わしくなる。

なぜなら、籾は計量時の「詰め方」によってその重量は大幅に変わるからである。籾には表面がざらざらして細かい毛がびっしりと生えている。籾をよく揺すってぎゅうぎゅう詰めるか、あるいはふわっとしたままで体積を計るかによって、かなりの重量差がでてくる。

このような現象は籾だけではなくすべての粒体や粉体について共通のことだが、白米や玄米であれば表面には毛がなく滑らかだから、籾ほど詰め方による重量差は生じない。白米や玄米ならそのちがいはせいぜい数パーセントである。だが、籾のばあいには、純粋な籾であっても10パーセント程度の差が生じ、もし籾に夾雑物が混じっていればそれ以上の差がでてくることがある。

籾の買取りにおいては買取商人の方が強い立場にあるのがふつうであって、その計り方は商人の決めたやり方でおこなわれる。売り手である零細農民の損失は、容量（体積）取引きの方が重量取引きよりも大きくなりがちである（これについては106頁「加助騒動」の例も参照）。

零細米作農民にしてみれば籾買取り価格があまりにも安いと感じられ、籾集荷業者や商業精米所に「搾取」されているという被害者意識がある。社会的な混乱状況があるとそれに乗じて鬱憤晴らしに彼らを迫害したり焼き打ちしたりするのはそのためである。アジアの商業精米所ではその経営者が華僑系またはインド系のひとびとであることが多いので、それが大規模な民族的対立の火種になることもある。

こうしたことをおそれる外国系精米業者や籾集荷業者は、資本を海外に逃避させ、子弟を海外留学させ、日常生活ではボロ車に乗り、自宅の外観は粗末にしておくのがふつうだが、それだけにとどまらず、精米所の機械設備も更新せず、籾貯蔵庫なども破れ放題にしていることが多い。これは「米の商売では儲かってなどいない」という演技でもあるのだが、それが設備更新の遅滞、技術的水準の低下、籾や米の量的質的損失、流通米の品質や歩留りの低下などの一因にもなっている。

籾のままでは品質はわからない

籾を乾燥しても籾殻だけが乾いて、中味の玄米はまだ湿っていることがある。だから買取業者は籾を歯で噛んでみる。米は水分15～16パーセントを境にして硬さが変わるから、噛んで柔らかいようならその籾は乾燥不十分だとみなし、それを突き返すか、あるいは極端に低い価格で買い取る。また十分に乾燥してある籾でも、藁やゴミや空欠粒や未熟籾などを多く含んでいれば比重が軽くなる。だから業者は触ってみて軽い籾はもっとよく風選をしてから持ってくることを要求する。

しかし、十分に乾燥し十分に風選した籾でも、籾殻を剥いてみないかぎり、変色粒・被害粒・虫害粒・心白粒・胴割れ粒などの有無・程度はわからない（図25）。こうした欠陥粒を含む籾はその存在割合よりも大きい割合で白米の商品価値を低下させる。その理由はこうである。籾を籾摺り・精米したとき、白米中に黒・茶・黄などの異色粒が混在すればその市場価格が著しく下がるので通常よりももっと搗いて白くする。その結果、白米全体の歩留りが下がり、砕米の割合がふえ、完全米の量が減ることになるからである。

もし籾の質を正確に判定しようとするなら、その籾全体から一定の間隔で籾標本を採取し、均分器にかけて均一な標本に縮分し、それを試験搗精して白米にしてみる必要がある。だが農村の圃場や農家庭先でわずか数百キロから数トン程度の量の籾が買い取られるばあいには、そうした検査が公正にできることは期待できない。

日本の米の品質検査では、玄米の段階でその品質を判定しているが、これは玄米が一定規格の袋詰めにされていて、袋ごとに抜取り検査ができ、しかも肉眼でその質が容易に判定できるという前提があるからである。庭先に堆積してある籾の山から適当に少量の標本籾を抜き取り、それをいくら「精密な検査」をしたところで、その結果が全体を代表するかどうかはきわめて疑わしい。たとえば、籾のような粒体を山積みにすると、山裾の方には小粒や丸粒が集まり、山頂には大粒や長粒や軽い粒などが集まりやすい。ランダムに積まれた籾粒の堆積のばあい、こうした粒形や粒大などによる分離や凝集はいたるところに起こる。だから実験室用の穀

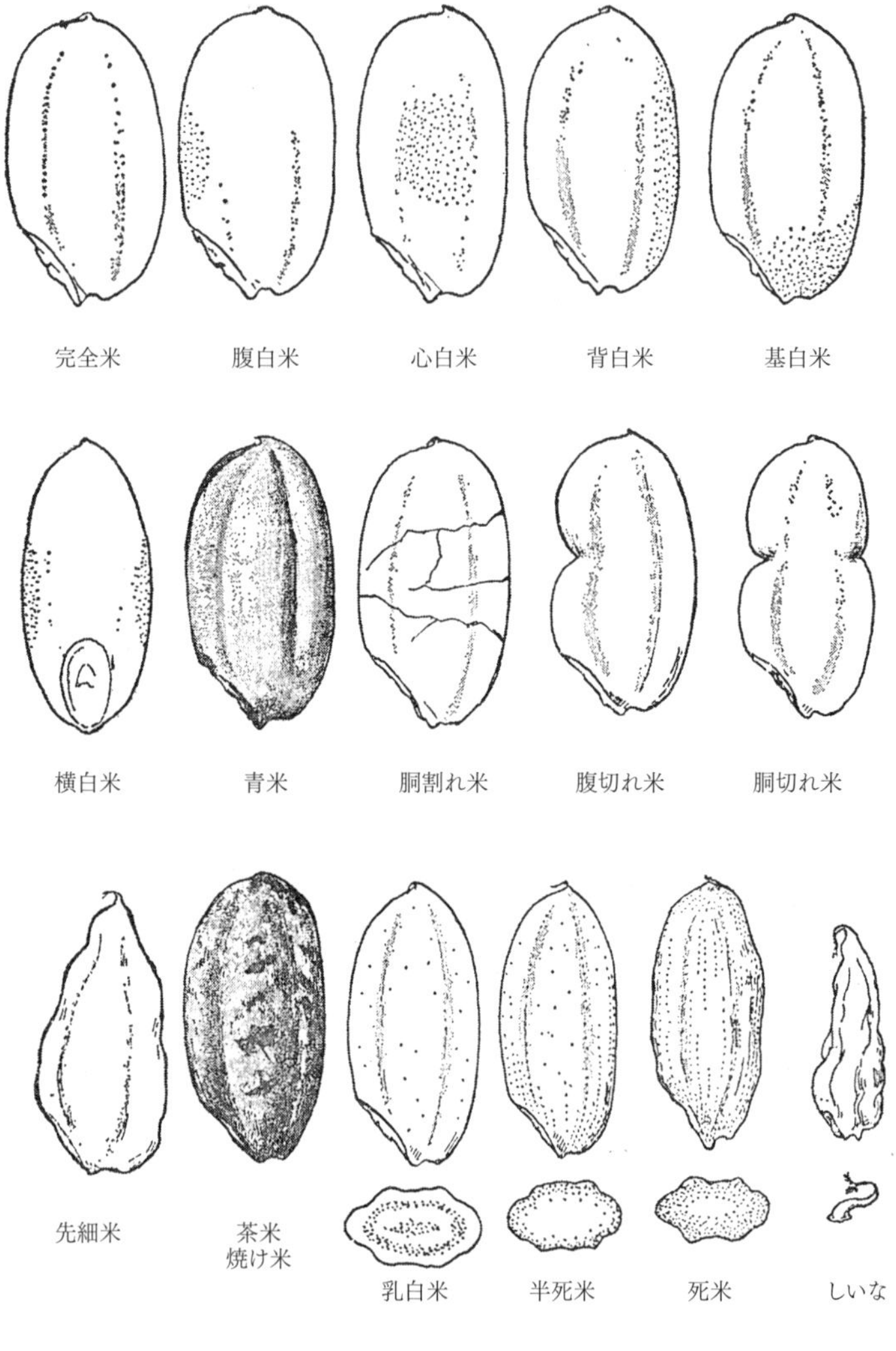

図25　不完全米のいろいろ
出典：星川清親『新編 食用作物』148頁

物検査機器を現場に持ってきて使ったとしても、籾質の正確な検査ができるというものではない。

「籾買取り」では米の品質は低下する

こうして、現状の小規模籾取引きでは「たとえ十分に充実して均一な良質籾を生産したとしても、そのぶん高く買ってはもらえないのだから、籾質改善の努力はなんの得にもならない」ということになる。そうなれば、籾質改善の努力を払うのは農家にとってはまったく無意味であり、籾の品質を改善するための技術指導や勧告やらは農民に無視される。

普及員らによる技術研修会などに農民が駆り出されたりすることはあるが、出席者はそこで出される食事や茶菓などが目当てか、あるいは「義理」のつきあいであり、その研修内容にはまったく無関心のことが多い。

こうした状況が普遍的なので、零細米作農家の籾品質は全般的に低いものにとどまりがちである。そして、農家から籾を集めて流通白米を生産する商業精米所では、いくら優れた精米設備を用いたところで良質の白米をつくりだすことはできない。もし仮に、低品質の籾から高品質の白米をつくりだそうとすれば、その歩留りは極端に低くなるから、商業的に成り立たない。だから、農家の売る籾の質が低下すれば、流通する白米の品質は全般的に低下する。

現在のアフリカの多くの国・地域で、零細農家から集められた籾からつくられた流通白米の品質が低い背景には、こうした事情があるのである。これを農家の技術水準の低さや精米技術の低さなどに帰するのは見当ちがいである。

大規模米作ならば籾でも品質相応の価格

アジアやアフリカの小規模米作にたいして、アメリカ合衆国・オーストラリア・イタリア・中南米等の国々のように、米作の経営規模が数百あるいは数千ヘクタールもあるようなばあいには話がまったくちがってくる。

こうした地域の大規模米作農民は、収穫した籾をトラック何十台にも積んで大型商業精米所に運び、売り手（農民）と買い手（精米所）双方立ち会いのもと、籾の品質検査をおこなう。籾から複数の標本を規則的に抽出し、均等に小さな標本とし、買い手の大型精米所と同等の性能をもつ穀物検査機器を用いて籾摺り精米をして白米の総歩留りを算出し、それをさらに完全粒と砕粒とに分け、完全米歩留りを得る。海外の長粒米地域では砕米が多く発生するから、商業的観点からは白米の全歩留りよりも完全米歩留りの方が重要である。こうしてその籾の品質を正確に調べてから籾の買取り単価を決める。

むろん、商取引きだから、そのときの相場や駆け引きはあるが、売買価格は籾の量と質とに応じたものになる。こうした取引きがおこなわれるならば、農家は籾の品質がよければそれだけ籾の販売単価が高くなるから、籾の品質改善に意欲的となる。つまり、日本における農民の玄米販売のばあいと同様に、その品質が価格に正確に反映される。

アジア・アフリカ諸国でも、フィリピンやインドなどで大地主が大規模な米作をしているばあいや、その他の国でも米のプランテーションなどでは、大規模米作国と同様な大きな荷口での籾取引きとなるので、籾はその品質相応の値段で販売される。

しかし、アジアやアフリカなどの多くの米作地域ではそうした大規模米作・大規模取引きは稀であり、零細な米作が圧倒的である。

麦類のような畑作物であれば、地形の高低差や多少の勾配などはあまり問題にならず、大規模な作付けが可能な地域を得やすい。ところが稲の栽培は本来湛水状態でおこなわれるから、灌漑施設が整わないと、どうしても分散した地域での小規模栽培になりやすいのである。いまでは大米作地帯になっているアジアの大河のデルタ地帯などは、ごく一部を除いて、100年前までは悪疫の猖獗《しょうけつ》する人畜未踏の未開発地域だったのだから。

小規模米作でも「品質相応の価格」は実現できないか

こうした事実を目にして、国際食糧農業機構（FAO）の専門家であったウー・テッツィンは1970年代に次のような主張をした。すなわち、「発展途上国の零細米作農民の貧しさと技術の停滞、また彼らのつくる米の品質の低さは、農民が籾を売るさいにその品質がまったく評価されず、籾の質が販売価格に反映されないことによる」と断じ、「籾の小規模取引きのさいにもその品質を検定し、品質のよい籾はそれなりに高く売れるようにするべきだ。またそのための籾品質簡易検定器具を開発・普及するべきだ」と。

これは抽象的なスローガンを繰り返している国際援助機関や先進国開発官僚等のなかにあって、問題の所在を正確かつ具体的に摘出した鶴の一声であった。筆者もまた、日本では米の品質と価格とが相関するのに、海外零細農民のばあいにはそうでないことにかねてから不審の念を抱いていて、そのころ同じような主張を繰り返し、論文・報告・勧告等を書いたりもした。しかし、こうした主張は結局のところ、実現をみることはなかった。

なぜならば、実際問題として、籾集荷業者が農家の庭先、あるいは圃場などにトラックでやってきて数百キロからせいぜい数トン程度の量の籾を買い取るようなばあい、まともな籾品質検査ができるだろうか。すでに述べた「籾の最低買取り価格」と同様に、たとえそれが形式的に実施されたとしても、その公正さが確保できるか否か、はなはだ疑わしい。

それでは、これに代わる他の方法として、零細米作農家が「共同販売」をしたらどうか。すなわち、零細農家が籾を持ち寄って大量の荷口の籾とし、それを精米所に持ち込む。これによって、大規模農家が大量の籾を精米所に売るのと同様に、立ち合いで籾品質の検査をし、籾品質相応の価格で売買をするようにしたらどうか。

事実、零細農家が蔬菜・果実・乳製品等を共同販売することによって有利になっている例は世界各地にあり、それは単に共同販売にとどまらず協同組合などに発展して農家の立場をさらに改善する糸口になっていることさえもある。

しかし、共同販売は多くのばあい、口で言うほど簡単なことではない。まず信頼できる指導者か中心人物がいることが必須であり、加えて、農家が似たような環境条件であることや農家相互の信頼関係があること、さらには権力者や官憲等の妨害がないこと――これらの条件がなければ、その実現はなかなか困難である。また果実や野菜などは目視で品質がわかるが、籾のばあい、それを確認するのにかなりの設備や能力が必要とされる。

籾の共同販売が理屈どおりにできればいいが、それを失敗に導く要素は多々ある。

たとえば持ち寄る籾の品種は統一したとしても、その品質や水分含量や精製の度合いなどが各戸でちがっていたり、各農家の利害がさまざまだったりする。家族の病気などで一刻も早く籾を売りたい農家は低価格でも価格交渉を早く妥結させて現金化しようとするし、他の農家はさらに交渉を粘ることを主張し売り急ぎがない。良質籾を生産したという自負のある農家は劣悪な籾を持ってきた農家に反発し、売上金の配分をめぐっていさかいが起こるかもしれない。農家が籾集荷業者に借金や負い目などがあれば、そもそもこうした共同行動への参加をおそれる。高利の負債を一刻も早く返したいと焦る農家は抜け駆けで収穫直後に籾を手放しがちである。さらに、籾集荷業者や大精米所がさまざまな手段や誘惑でこうした共同行動を分断することも十分に考えられる。農民の共同行動を組織しようとすると、その中心人物が「アカ（共産主義者）」だとして官憲から迫害を受けた例は各地にある。

諸外国では「玄米流通」はできない

零細農家が大規模農家のように品質相応の価格で籾を売ることができず、また共同販売をすることもできないとしたら、どうしたらよいか？

日本と同様に、農家が籾を玄米にして売ればどうか？　そうすれば肉眼でみて品質がわかるから、たとえ零細農家であっても米を品質に相応した価格で売ることができるはずである。

だが、これは日本以外の諸国では実現不可能である。すでにみたように、日本の玄米流通制度はいくつもの自然的・社会的条件が偶然それを可能としたからできたのである。栽培する米が短粒種なので農家の粗野な籾摺り用具でも辛うじて玄米ができたこと、日本は年の半分は寒く乾燥しているので玄米の長期貯蔵が辛うじてできたこと、などの自然条件があり、さらに、徳川政権下で玄米流通が有用であったことなどがある。

かつてフィリピンなどでは「籾を玄米にすればその体積が約半分になるから、玄米貯蔵の方が経済的だ」と早呑みこみをして一部地域で玄米貯蔵を試みたこともあったが、まもなくその間違いに気づいて中止された。

「外国にも玄米流通がある」という早とちり

インドネシアなどでは小規模精米所が農民から籾を買い取り、これを籾摺りして玄米にし、それを商業精米所に売り渡すことがある。これは精米所間の分業にすぎないのだが、これをみて、「外国でも『玄米流通』がある。玄米流通は日本だけの特殊な慣行ではない」などと事々しく主張するひとがいる。こういうひとには「玄米流通」という言葉の意味がまるで理解されていないようである。それはまるで、カエルが跳ねるのをみて「カエルは空を飛ぶ。羽根がなくても空を飛べるのだ」と主張するようなものである。

「日本では玄米流通だ」というのは、「日本では米は主として玄米というかたちで社会に流通する」という意味である。農民は生産した米を玄米というかたちで手放し、玄米のかたちで社会全般に広く流通する。しかし、それは籾や白米のかたちで米が流通することがあるのを否定するものではない。現に、米の小売商が米を消費者に売るときには白米にして売るし、種籾は籾のかたちで売られる。これをみて、いちいち「白米流通がある」「籾流通もある」などと主張する者はいない。

「日本以外の米作諸国では『籾流通』と『白米流通』がおこなわれている」という。そこでは、米は主として籾というかたちと白米というかたちで流通するからである。しかし玄米などのかたちで売買されることがないわけではない。現に、スーパーでは白米とならんで健康志向の消費者向けに玄米も売られ、さらに玄米での輸出入もおこなわれる。ふつう、これをとりあげて「玄米流通がある」などとはいわない。

インドネシア以外の国でも、大農民あるいは中間業者等が籾を玄米にして売買する例はあるが、社会一般では米は籾または白米というかたちで売買されている。米の生産高などを示す統計も、籾または白米の量で表示される。そこでは、玄米はあくまで籾を白米に加工するときの過渡的な中間産物、あるいは少数の健康志向のひとたちの食物にすぎない。

ヨーロッパなどの非米作国のなかには輸入した玄米を貯蔵しているところもあるが、それは米を輸入するのに籾では輸送コストや検疫の問題があるのみならず、その品質が不明瞭で取引きに問題を生じやすいからである。また、米を目的によって使い分けるために、わずかの量の玄米を輸入・貯蔵し必要に応じていろいろな精米・加工をしているからである。

アメリカでは玄米をふつうはブラウンライスと呼ぶが、ときにカーゴライス（cargo rice）と呼ぶことがある。それは米を玄米で輸出する例があるからである。国際的に玄米の輸出入が少量ながらあるとすれば、玄米の貯蔵が日本以外の地域でもある程度存在しているのは不思議ではない。しかし、これを「玄米流通」などと呼ぶひとはいないだろう。

日本以外の国々では、基本的に「籾流通」と「白米流通」とがならんでおこなわれており、これが自然で無理のない流通形態である。そうした状況下にあるアフリカやアジア諸国の零細米作農民が、いかにして彼らの正当な利益を確保するか、どうしたらそれが実現できるのか。本書では、それに関連して米の流通形態を問題としているのである。

では、結局のところ、わずかな量の籾しか生産しない零細米作農家は、いくらよい品質の籾をつくってもその品質が評価されず、どうしても、一様に安い値段で籾を手放すしかないのか？　いつまでたっても、大半の零細農民は生産性向上や品質改善に意欲的にはならないものか？　農民がよい品質の籾をつくったら、それ相応の価格で売れるような方法はないものか？「籾買入れ最低価格」の制定や小規模取引きのさいの籾品質検査などが実行不可能であり、また形式的におこなわれても実効をもたず、また籾の共同販売も難しいとすれば、どうしたらよいのか？

ところが、気がついてみると、アジア諸国の零細米作農民には、すでにお役所の措置などをたよりにせず、とっくの昔から、自分たちの生活の便宜追求と自然な発意とによって、この問題を実質的に解決する行動をとっている者がいるのだった。

しかもその行動によって零細米作農民は自分たちの利益を守るのみならず、そうと意図せずして社会一般に流通する白米の品質をも維持・改善をする役割を果たしてきたのだった。そしてその行動は、生活の充実・幸福を求めるひとびとの発意によって自然に成長・発展していく。

それが、次章以降で述べる「農村精米所」の利用・活用である。

問題になるのは、以下に詳述するように、それがときどきもっともらしい口実で阻害されることである。そうした妨害を排除し、農村精米所の利用がすすめられさえすれば、これから米作を発展させようとしているアフリカの国々でも「零細農家がすすんで米作にたずさわるようになる」という洋々たる未来が開けてくる。

CHAPTER 3

零細農民には「農村精米所」が救世主となる

米食民族の米作地域には農村精米所が必ず現れる

ある地域で小規模米作がはじまり、ひとびとが米を好んで食べはじめるようになり、それが一定の規模に発達すると、自然に「農村精米所」（あるいは「賃搗き精米所」）が設立される。その数は時とともにふえ、その利用料（搗き賃、賃搗き料）も安くなっていき、技術水準もサービスもだんだんに向上してゆく。それはなぜか？

米を主要食糧とする米作農民は、籾を生産し、その大半を籾のままで籾集荷業者に売るが、籾の一部は自家消費用にとっておき、それを白米にして家族の消費にあてる。

その自家消費用の籾を食べるためには、籾殻を取り去り、できた玄米をさらに搗いて、ある程度糠層を取り去った「白米」にする必要がある。これらの作業は、農家が臼と杵とを用いて手搗きをすることによってもできるが、それには大変な時間と労力とを要する。しかも、そのようにしてできる「白米」は、ほとんど玄米にちかい粒と砕かれた白米、そして残留する籾粒などの混合物である。とくに長粒米のばあいには、短粒米のように簡単に籾殻が取れないので、籾摺りと精米のために搗いているうちにほとんどの米は砕米となってしまう。

だから、もし農村内に機械で籾を白米にしてくれる「農村精米所」があり、それが手頃な料金、あるいは現物払いなどで利用できるなら、自家消費用の籾を白米にしようとする農民はこれを喜んで利用することになる。その機械がどんなに粗野なものであっても、手搗きとは比較にならぬほどきれいな白米が高い歩留りでできるから、農民は賃搗き料の出費はいとわない。まして代金ができた白米の一部や糠や小砕米などの現物で払うことができるなら、現金の出費はなくて済む。

米作地域ではそうした需要が不断にあるから、籾を籾摺精米機によって白米にしてくれる加工業、すなわち「農村精米所」が必ず現れ、存在するようになる。それは全世界の（日本を除く）零細米作地域のどこでもみられるものとなっている。

しかし、たとえ農民が米をつくっていても、米を単なる商品作物として生産し販売するだけで、彼ら自身が米を常食しないばあいには、こうした農村精米所の必要はないから生まれてくることはない。たとえば、欧米の大規模米作地域のように、米を大量に生産してはいるが、農民自身は肉や乳製品や小麦粉製品などを常食していて、米はほんのときたま食べるにすぎないのであれば、農村精米所のようなものは必要ではない。そんなわずかばかりの白米は必要に応じて小売店から買えばいいのだから。現に北米や東オーストラリアや北イタリアなどの大規模米作地帯に農村精米所があるとは聞いたことがない。

これにたいして、アジア、アフリカなどの零細米作農民が農村精米所を必要とするのは、彼ら一家が毎日主食として多量の米を食べるからである。わずかな生産量しかない籾を安く売り払って高い小売り白米を買うのではとても割に合わない。だから、籾の一部を自家消費用としてとっておき、これを農村精米所で白米にしてもらって食うのである。

零細で貧しい米作農民にとっては、米を毎日腹いっぱい食べるような「贅沢」はできない。ふだんは雑穀とかイモ類などを主に食べているが、少なくとも自分で米をつくっている以上、「ハレの日」くらいには米を食べたい。だから、やはり、籾の一部を売らずにとっておく。このばあい、とりおく籾の量はわずかなものだが、それを手搗きで籾摺り精米すればその貴重な籾をむざむざと砕米だらけにしてしまう。だからいくら貧しくても、やはり農村精米所を利用して籾を白米にしてもらう。途上国で、小さなこどもが頭の上にわずか数キロの籾をのせて農村精米所にやってくるときは、たいていその家族になにかよいことがあったときである。

「うまい米を食いたい」が農村精米所の淵源

西欧列強諸国がアジアの諸地域を植民地とした帝国主義の時代、宗主国は米作に適した地域には米をつくらせ輸出商品とした。この時代の東南アジア、南アジアの米作はその住民にたいする食料供給のためではなく、主として宗主国による輸出商品産出業であった。

だからそこにつくられた精米所はことごとく大型の商業精米所だった。たとえば現在のインド、パキスタン、ミャンマー、マレーシア、ベトナム、カンボジア、インドネシアなどにあった精米所はすべて大型精米所であり、地元住民の消費米のための小型精米所はなきに等しかった（タイは植民地ではなかったが、当時から米の大輸出国だった）。

こうした地域の住民がたまに口にする米は、たいていは搗き臼や江戸時代に使われたような手回しの臼による砕米だらけのものだった。米の歩留りは低いし、折角の米の味は当然落ちる。

第二次大戦後、この地域の諸国が独立し、米が国民の口に入る機会もふえてはきたが、そのための精米所はなかなか現れなかった。エンゲルベルグ式機械（68頁参照）は19世紀末からあったが、当時、定置式動力装置といえばボイラーのついた大型の往復動蒸気機関が主であり、孤立したこの機械を駆動するような小型動力源がなかった。

戦後初期に、そのエンゲルベルグ式機械を使った農村精米所がぽつぽつと現れだした。動力

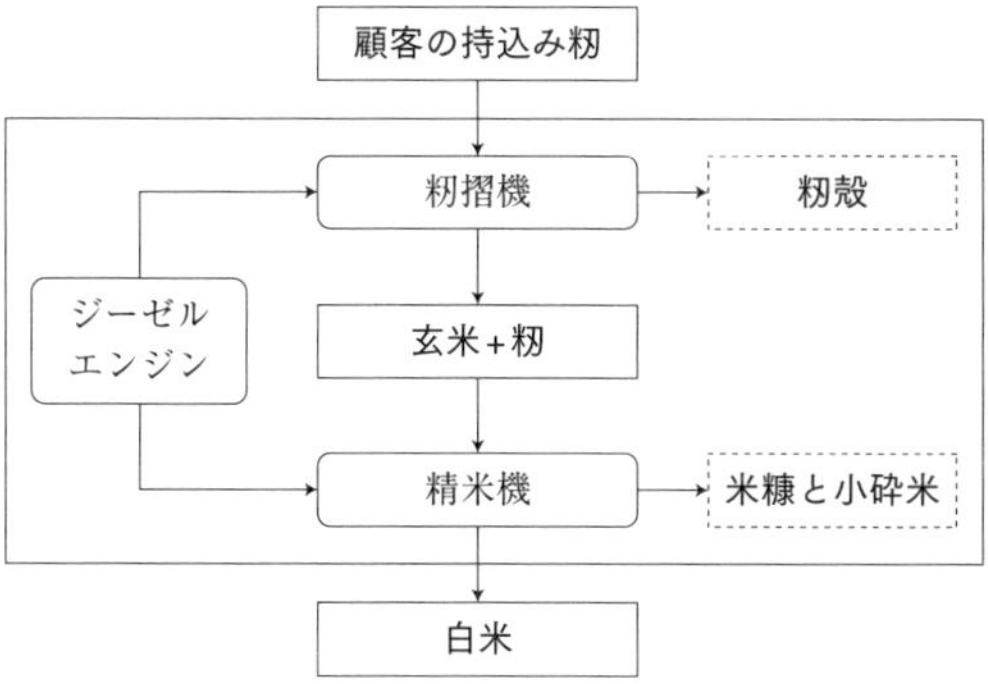

図26　初期の農村精米所の流れ図の一例

源としては、最初のうちは中古トラックのエンジンなどを流用するものが多かったが、その後、安価な汎用小型ジーゼルエンジンが一般的になり、ところによっては小型電動機も使えるようになった。またさらに、エンゲルベルグ式機械以外に、各国で小型の籾摺精米機も生産されるようになって農村精米所の出現が加速された。こうして農民たちは自家消費用の米を容易に得られるようになったのである(図26、図27)。現在、アジアの米作諸国の農村地帯には、いたるところにおびただしい数の農村精米所があり、その利用も加速度的に安価・便利なものになってきた。だがこれは、たかだか戦後数十年の間に起きたことである。

世界には、その地の自然条件に適し、生産性が高く、栽培も容易な食用作物が各種存在している。各地域の住民はそれぞれに適切な作物を食べて生きてきた。ところが米は各種穀物のなかでもとびぬけてうまく、調理も簡単で、籾なら貯蔵性もある。だから、栽培適地なら米をつくりたくなる。しかしアジア諸国では、その米をつくったところ、

図27　アジアの農村精米所
上：外観。建物右手にみえる籾殻の山は農村精米所の目印／中：ここで使われているのはゴムロール式籾摺機と噴風摩擦式精米機／下：農民たちは持参した籾を白米にして持ち帰る
撮影：筆者

「米食民族」とは

「日本人は米食民族で、古くから米を常食としていた」とよくいわれるが、それが実行できたのは、たぶん、社会的地位の高い人間だけの話だったろう。あるいは、観念のなかでの話。つまり、「まっとうな」食事とは米を食うものだという思いこみである。

現在では「米を主食としている国々」に分類されているアジア地域でも、国・地域によっては、実際には、第二次大戦以前には庶民はあまり米を食っていなかったのかもしれない。インドネシアのジャワ島のある農民は「日本の兵隊さんに雇われて『労務者』になったとき初めて米というものを食べた」と筆者に語っていた。第二次大戦後、西欧の旧植民地であったアジアの米作諸国は独立し、それまではもっぱら宗主国による輸出商品と化していた米が、今度は自国民の食糧になった。いままで米を滅多に口にできなかった庶民の米にたいする渇望はすさまじく、その消費の伸びは目を見張るようなものだった。これは敗戦後の日本や現在のアフリカ諸国の米消費の急速な伸びと二重写しになる。

日本中の人間が米を好きなだけ常食できるようになったのは、第二次大戦後十余年たった1960年代からのことである。米作地域の農民でも、純粋の米の飯「銀シャリ」（食糧不足の時代麦飯やいもなどを入れた飯に対して白米ばかりの飯をこう呼んでいた）をいつも腹一杯食えるのは限られた階層であり、大半の農民は「かてめし」すなわち、麦や雑穀やいもや大根や各種野菜などのまじった飯（ときには「かて」の方が米より多い）を常食していた。それでも、米が「本当の」主食であると信じつづけて。

日本では古来、「人は年に1石（180リットル。約150キロ）の米を食う」といわれてきた。

しかし実際は、壮年男子なら1日に4合とか5合、つまり年に1石5斗から2石ちかくを食べたという。だが、それはお武家様や富裕な商人・職人などの話。いや、武士でも、下級武士は日常「かてめし」を食っていたという。だが、地方によっては農民が米をかなり食べていたという例がないわけではない。第二次大戦中、兵隊にとられた農民は「これで白い飯を毎日腹一杯食えるようになるから」といって自らを慰めた（実際には、白い米どころか草根木皮を探して食い、異国の土と化した者が多かったのだが）。戦後数年間は戦争中以上に米は貴重だった。当時、「米の飯が食えるから」といって警察官に応募した者もいた。

日本の農家にとって米はなによりも換金作物であった。畑作物よりも安定した収入が得られるのだから、農民はいつも自分の畑を田にする機会を窺っていた。あの畑にどうやったら水を引けるか、などといつも考えていた。なにかの野菜や果樹が儲かると聞いて田を畑に変えたりする者を筆者の祖父などは、「百姓ではない愚か者」「ばくち打ち」などと評していたものである。

どこからかやってきた植民者によって国外にみな輸出されてしまったのである。

その植民者がやっと去ったものの、零細な米作農民はつくった米を籾のままで安く売らなければ生活が立たない。そして大切にとりおいた自家消費用の籾は、手で搗いて米にすれば砕米だらけの米になってしまう。そこに農村精米所が現れ、機械で籾を搗いてきれいな米にしてくれるようになった。これを歓迎しないわけがない。

農村精米所の発祥と急激な増加を促した原動力は、農民の「うまい米を食いたい」という一念だったのである。飽食の現代人にはあまりピンとはこないだろうが、いつも空腹を抱えていて「銀シャリ」を渇仰した時代の生き残りである筆者のような人間にはその欲望がよくわかる。

その後、農村精米所のご利益として、「食う米がうまくなる」ということに加えて、「これを使って籾を米にして売れば儲かる」ということが明らかになり、これが農村精米所の増加を加速することになった。

農村精米所はすぐに始められる

農村精米所は、大きな資本も技術も商売の才覚もいらず、籾を白米にするだけの賃加工業であり、村の鍛冶屋・大工・自転車修理屋などに類似したサービス業だが、必ずしもそれらほどの特殊技能や経験を必要とはしない。むろん、経験を積み技能を改善すればいっそう繁昌するようになるが。

籾摺精米機を設置した小屋に座っていて、農民が籾を持ってくるのを待ち、それを機械で白米にして返し、現金あるいは現物で加工賃を受けとるだけの商売、すなわち、籾の加工業である。大きな資金もいらず、特殊な技能も体力も必要とせず、売買行為をしないから、大きな損をする心配もない。

それを始めるのに最低限必要な機材は、簡単な籾摺り・精米の機械とそれを駆動する小型動力源（ジーゼルエンジンまたは電動モータ）と、それらを収納する小屋だけである。輸送手段も倉庫もいらず、座っていて現金あるいは現物で日銭を稼げる。これは、米作農村地域には例外なしに出現するサービス業である。

さらに、近年では、籾摺精米機の価格が、10～20年前にくらべ大幅に安くなり、買いやすくなってきているので、開業のハードルも低くなってきている。

商業精米所と農村精米所とのちがい

誤解を招かぬようにここで強調しておく必要があるのは、同じ「精米所」といっても、「農村精米所」と「商業精米所」とは、天と地ほども異なることである。規模も異なればその役割も異なる。両者を混同されては困る。

諸外国の商業精米所とは、収穫期に年間稼働に必要な何千、何万トンもの大量の籾を籾買取業者を介して買い集め（ときには農民から直接）、それを巨大な籾倉庫に貯蔵し、その籾を年間を通じて少しずつ籾摺精米し、独自のブランドや包装の大量の各種品質の流通白米をつくりだし、それを米穀商に卸し売りしたり、小売りしたりするものである（図28、図29）。

その経営規模は、ここでいう農村精米所の百倍も千倍も大きいことが多い。だから商業精米

図28　商業精米所（フィリピン）
正面の3台の機械は逆円錐式精米機。左方の機械からくる玄米をこれらに順番に通して白米にする。みえている以外にもたくさんの機械がある。図29の流れ図参照　撮影：筆者

所は、加工業者というよりは、籾を買い取り白米を販売する流通ビジネス業者といった方がぴったりする。それらは、ときには大きな社会的影響力をもち、地方や中央の政治権力とのかかわりがあることもある。

これにたいして、ここでとりあげる農村精米所とは、主として零細な農民の要望に応じて籾を白米にする賃加工業である。彼らは加工賃（搗き賃・賃搗き料）をとって、わずか数キロほどの籾から、ときには数百キロくらいまでの量の籾を籾摺り精米して白米にする。その加工代金（賃搗き料）は、現金またはできた白米の一部や副産物である砕米、米糠などで受けとる。受け取った砕米などは米粉にしてパンをつくったり、米糠は自分の家畜・家禽の餌にしたり、畜産業者に販売したりできる。

農村精米所が農民から籾を買い取って、それを白米にして売るというような「商行為」をすることが

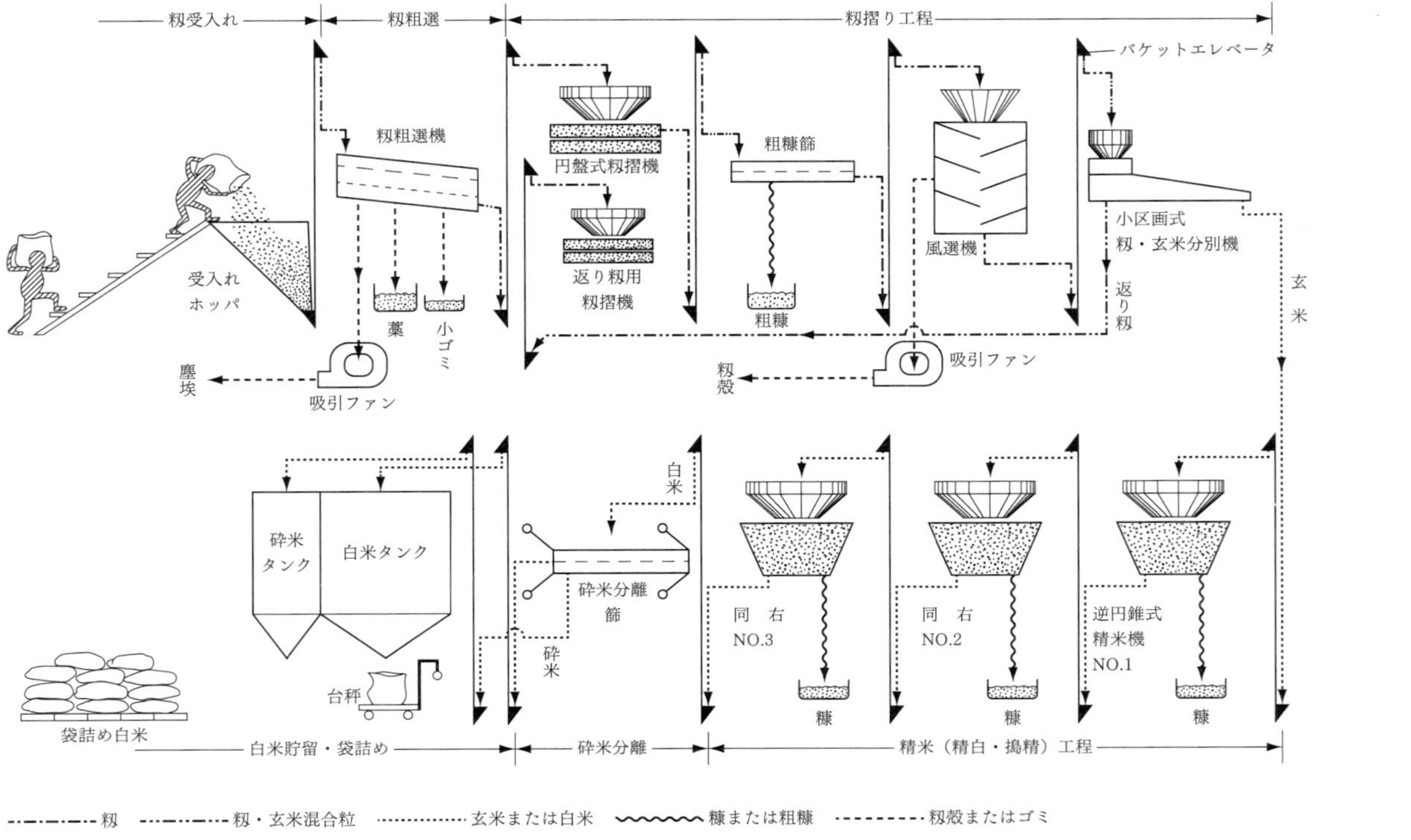

図29　20世紀半ばくらいまでの欧州式商業精米所の流れ図の例　原図：筆者

ないわけではないが、それが本業ではない。だから大きな資本も籾や米の貯蔵庫も必要とせず、経営のリスクもない。

ある村に最初に現れる農村精米所は、エンゲルベルグ式籾摺精米機1台だけを使った粗野なものかもしれない。しかし、それでも臼や杵を使って手搗きで籾摺り精米をするよりはずっと均一な白米ができ、砕米も少ない。

農村精米所の加工賃は安くなり、技術はたちまち向上する

このように、農村精米所は手軽で安全で有利な商売だから、農村やその周辺に住む小金をもった小地主・退職官吏・年金生活者・商人・職人などが、その地域の米作の発展とともに、日を追って次から次へとこの職業に参入してくる。そして、その間の顧客獲得競争によって加工料（搗き賃）は日を追って安くなっていく。

米作の歴史が長く、零細農民の多い東南アジアや南アジアでは、搗き賃が副産物である糠と小砕米だけというところさえある。そのようなばあい、もしも精米所がわざと機械の調整を変えて砕米量をふやそうとでもしようものなら、翌日から顧客にそっぽを向かれて顧客を失ってしまう。

農村精米所の数がふえ、その間の競争が激しさを増すにつれ、1台だけのエンゲルベルグ式籾摺精米機はまもなく籾摺り工程と精米工程とを別々におこなう2台の機械になる。これによって籾からの白米歩留りと白米品質とは飛躍的に向上する。

農村精米所の数がふえるにつれて農民の利用が容易になり、搗き賃もさらに安くなり、精米所の技術水準が向上し、できる白米の品質もよくなるから、農民にとってその利用はだんだんに便利なものになっていく。

日本には「農村精米所」はない

日本では、農家が生産した籾をすべて自分自身で籾摺りをし、玄米にまで仕上げてしまうから、諸外国のような「農村精米所」は必要がない。玄米はそのままでも食えるし、もしそれを白くしたいなら、臼で搗けばいい。日本の短粒米は臼で搗いてもあまり砕米にはならないで白米にできる。戦中戦後には、1升瓶に玄米（または搗精不足の米）を入れ、ハタキの柄などで搗いて白米にする家庭も多かった。

また日本の農村では、戦前から安価な家庭用精米機（玄米を白米にする）が広く普及していて、農家はそれを互いに貸し借りしていた。戦後になると、さらに安価で軽量・便利な電動式の家庭用精米機が売られるようになった。だから、日本には諸外国のような農村精米所はまったく必要がない。

日本の主として農村地域にある「コイン精米所」なるものは、少量の玄米または籾を投入して白米を取り出す自動販売機のようなものであり、海外諸国の米作農村地域にある「農村精米所」とはその社会的機能・性格・規模がまったく異なる。諸外国の農村精米所は、小は数キロ程度から、大はトラックに積んでくるほどの量の籾を白米にするれっきとした賃加工業者である。

白米にすれば正当な価格で売れる

農村精米所ができると、農民はそれを利用してわずかな経費で自家消費用の白米を容易につくることができるようになる。さらに、それにとどまらず、できた白米を近隣住民あるいは地元農村の地方公営市場や定期的に開かれる青空市場などで売ることもできるようになる。アジアの地方小都市の市場に行ってみれば、近傍の農村精米所でつくられた量り売りの各種地元産白米に顧客が群がっているのを目にすることができる。

そこでは、ひとびとに好まれる品種の米や、粒が揃って異物の混入のないきれいな白米は高い価格で売られている。砕米が多く変色粒や異種穀粒などが混入している米はその半分以下の価格でしか売れない。こうしたちがいは精米技術の相違によるものではなく、ほとんどが籾の質の相違に由来するものである。

こうして農民は、籾を白米にして売れば、籾のままで売るよりもはるかに利益があると実感する。さらに重要なことは、「よい籾からつくった白米は、より高く売れる」ということを心に刻む。農民が収穫した米を籾のままで手放しているかぎり、これは決して実感されないことである。

ここで注意しなくてはならないのは、同じく農村精米所を利用して白米を調達していても、それをもっぱら自家消費にあてているだけでは、このことがはっきりとは認識できないことである。農民が自分の米を自分自身で市場で売って現金にかえてみて、初めてこうしたこと、すなわち、「籾の質のちがいが白米の価格のちがいとなる」ことが得心される。そこで農民はごく自然に、「高く売れるような白米をつくるにはどうしたらよいか」を考えるようになる。農民は自分の籾の「質」が利益に直結しているという事実に直面する。

農村精米所間の競争が必要

こうした農村精米所の利点が農民に十分に得心されるには、その数・能力が十分にあって、そのあいだに熾烈な顧客獲得競争がおこなわれることが必要である。もし、村にたった一軒の農村精米所しかなくて、いつでも顧客が長蛇の列をなしているようだとしたら、こうした利点の実現は難しい。

長蛇の列をつくって精米の順番を待つ者は、みな自家消費米をつくるためにここで辛抱強く並んでいるのである。もし誰かが明らかに自家消費を超える量の籾を白米として売るために持ち込んだとしたら、「あいつの金儲けのために俺たちは長い間待たされる」として、反感を買う羽目になる。

さらにまた、こうした独占的な精米所は競争相手がいないのだから、賃搗き料を引き下げるとかサービスや技術の改善をしようという意欲もない。平然として古い技術を使い、精米歩留りも低く砕米だらけの白米をつくる。

その反対に、もし農村精米所が多数あって彼らが常に顧客獲得のために努力し、いつでも顧客の要望に応えようとしているような状況であれば、農民はこれらを利用して市場で売るための各種の白米を安い料金でつくってもらえる。たとえば、自分の籾を「あまり白くなくてもいいからできるだけ多量の白米にしてくれ」とか、あるいはその逆に「できるだけ白い米に搗いてくれ」とか、「白米から砕米は分けて別にしてくれ」などというように。

籾から白米に仕上げるやり方の選択は、農民が自分の籾の質・量と各種白米の市場価格やそれらの売行きなどみてくだす判断による。別のいいかたをすれば、農民は籾を白米にして売ることによって、買い手のいうがままの価格で籾を手放すほかない売り手から、自分の所得は自分で決めることのできる自立した存在になる。精米所はまた、顧客である農民の要望にこたえられることによって繁昌する。だから、村のあちこちに農村精米所の数が十分にあって互いに競い合っているのは、誰にとっても望ましいことなのである。

籾で売ると損をする根本的な理由　「加助騒動」の例

こうした話を筆者の知人たちにしたところ、彼らは次のように答えた。「モノを加工すれば付加価値がつくのだから、籾を白米にすればそれだけ高く売れるのは当たり前の話だ。とりたてて言うほどのことではない」と。だが、これはそういう問題なのだろうか。そうではあるまい。

「籾を米にして売る」ということは、単に「加工によってかたちを変えて売る」ということにとどまらないからこそ意味があるのだ。肝心なことは、価値がよくわからない状態から、誰がみてもその価値、すなわちその品質の相違がわかるような状態にして売るということである。価値がよくわからないときには、たいてい強い者の言い分が通り、弱い者が損をする。だから、ときには、買い手（あるいは権力者）が、わざとその価値がわかりにくいかたちにして零細農民から利益を巻き上げようとさえする。

その一例として、江戸時代の信州松本藩で起こった「加助《かすけ》騒動」をみてみよう。

徳川時代には、各藩とも農民から取り立てる年貢は玄米の量で定めていて、それを「玄米のかたち」で納めさせていた。これを「本年貢」（あるいは物成《ものなり》など）と呼ぶ。

ところが、信州松本藩では農民に課する年貢を玄米ではなく籾の量で定め、「籾のかたち」で納めさせた。だが、籾がどれだけの量の玄米に相当するかはかなり微妙な問題であって、そこに為政者の恣意が入ってくる。

籾摺り歩合（籾から玄米の得られる重量割合）は、年により、天候により、また籾の状態によって変わってくる。そもそも、籾はその定義、水分含量、精選の度合いなどによってかなりの重量の差異があり、体積になるとさらに大きなちがいが生じるものである。また、籾は玄米や白米などとちがって、その表面に毛が生えていてふわふわとしているから、その量り方や、ノギと呼ばれる籾先端に生えている毛（芒《ぼう》）の長さ次第、また籾をかきまわした回数のちがいなどで、同じ体積でも何割もの重量差が出てくる。73頁の「籾の最低買取り価格」の項で説明したように、桝に籾を入れてぎゅうぎゅう踏みつければ何割もよけいに入る。当時は米の取引きはすべて重量ではなく体積であったから、それが収税側によって堂々と一方的におこなわれた。

籾摺り歩合の過小評価とこうした計量時の操作という二重のトリックによって、表向きの玄米に換算した課税額（本年貢）は他藩とさして変わらない数字であったが、実際上、この藩では他藩の二倍ちかい重税となっていた。それで農民の不満が絶えず、ついに農民たちは結束してそれを改めるように要求するにいたったのである。これが、17世紀末に起きた貞享《じょうきょう》騒動、またの名を加助騒動と呼ばれるものである。

このばあい、松本藩は「籾摺り作業という『付加価値を与える作業』を、お前たち農民に代わって藩が担ってやるのだから増税になっても当然である」とでも釈明したのかもしれない。これは先に引用した筆者の知人の発言と類似した考えである。

しかし農民は、「籾摺り作業は他藩同様にわれわれ百姓どもがやるから、他藩同様に玄米で納めさせてもらいたい」と要望した。これはしごくまっとうなものである。

量目の不明確さ・曖昧さのある取引きでは、弱小農民は常に損をする。取引きの条件を明確にしなければ農民は自分の利益を守ることはできない。すでに述べたように、現在でも、籾の販売にさいしては大規模米作農家のばあいには対等な取引きがおこなわれるのに、零細米作農家のばあいには弱い農家が一方的に不利を蒙っている。

信州松本藩でも、籾での徴収を他の藩同様に玄米に変えさえすれば、その不公平が解消するはずであった。農民はそれを要求したにすぎなかったのに、それが「不穏」であり「一揆」だとされ、その主犯とされた多田加助以下、家族も含めて28人が磔《はりつけ》・獄門《ごくもん》にされた。

零細な量の籾取引きでは籾の品質検査がおこなわれない現在、農民が籾の一部を白米にして売るという行為は、これまでのなかば詐欺的な取引き形態を部分的に正当な取引きに変える試みである。それを「付加価値をつけた」などという中立的な表現で呼ぶのははたして適切だろうか。そうした評者たちには、米を籾のかたちのままで売る立場になってみてもらいたいものだ。

白米にして売れれば米作意欲も技術も高まる

零細農家は曖昧さの残る籾取引きではなく肉眼でちがいが確認できる米（白米）取引きにしなければその不利はまぬがれない。これは他の商品でも同じことだろう。

零細農民を、山で金の鉱脈を掘り当てた山師にたとえてみよう。山師がもし掘り出した金鉱石（零細農家にとっての「籾」）のままで売ろうとすれば、買取業者には「どれだけ金が含まれているかわからない」、つまり価値の判断ができないものとして買い叩かれ、ただのような価格でしか鉱石を買ってもらえない。

そこで山師は選鉱・精選装置（これが農村精米所にあたる）をつくって金鉱石を純金粒（「白米」）に変え、目でみて確認できる価値どおりの価格で売れるようにする。こうして売ることにすれば対等な取引きができ、山師はその労苦に見合った利益を得ることができる。

金鉱石を精製する山師は自前で選鉱設備を用意するしかないが、零細農民には、いまでは農村精米所という施設がすでに存在している。しかも、その施設の性能は不断に改善され、加工代金も安くなり、使い勝手も日々よくなっている。それを利用しないという手はない。

よい籾は白米にすることによって高く売れ、低品質の籾は安い白米にしかならない。精米所を利用すれば、良質の籾を生産する農民は利益が向上する。籾を籾摺り精米して白米にすることによって、「付加価値」などではなく、籾という価値の曖昧なものに内蔵されていた品質の相違が明らかになり、その品質相応の価格が得られるようになるということである。

むろん、籾仲買人のなかには農民に同情的で、できるだけ籾を高く買い取ろうとつとめる者もいる。だが、籾のかたちでは肝心の質が誰にもわからない以上、籾仲買人の善意には限度がある。農民が米にして売るということは、「よいにせよ悪いにせよ、品質相応の代価を手に入れる」という宣言・実行である。「フェア・トレード」などというカタカナ語が闊歩しているが、それを求めたのである。

こうして農村精米所を利用して籾を白米にして売ることによって、農民は、良質の籾を生産すれば利益を大幅にふやすことができることを知り、そのための努力を惜しまず、農作業の改善にも意欲的に取り組むようになる。これは日本の農民が籾を玄米にして売るばあいと相似的な過程であり、両者とも米作の技術的改善の意欲が湧くのもまったく同じである。

日本のばあいには、そうしたことが「玄米流通」という社会的制度にすでに組み込まれているので、それが当たり前のこととされていた。江戸時代には現在のような全国共通の厳密な玄米等級制度はなかったが、玄米の質には上中下などの区別があり、上納米には一定以上の品質が要求されたし、市中流通米も品質による価格差があるのは当然だった。しかし、それは世界の零細規模での籾生産の場面では目にすることのできない特異な慣行であり、零細農民にとっては例外的に有利な制度であったのである。

このようにして、もともとは農民の自家消費米の賃搗きを主眼とした農村精米所が、米作農民の生活改善を求める積極的な行動によって、米作から正当な利益を引き出す有力な武器となったのである。

米の生産や流通は「生活をしているひと」が担っている

現在、アジアの零細米作農村地域に何千何万とある農村精米所は、前述のようにその歴史は比較的新しい。だが、農村社会においてそれらの果たしている役割はきわめて大きい。それなのに、農村外部の者には農村精米所の重要性はあまりみえず、その社会的役割、有用性が十分に認識されていない。農村精米所は零細農民の利益を守り、生産意欲を支える「梃子《てこ》」あるいは「触媒」のような働きをしているのに、そのことがみすごされ、農村地域の他の雑多なサービス業と同一視されている。しかし、その実際の効用は、農村精米所が多数ある地域とそれが絶無かあるいは少数しか存在しない地域での米生産の状況をくらべてみれば一目瞭然である。

世界各地の農業開発計画などにおいて、米の生産・流通状況に関する報告書類をみると、籾や白米などの生産・流通経路として農民・集荷業者・精米所・小売店・消費者などをマルや四角で囲み、それらを線で結んだ図を描き、あたかもそれだけで米の生産・流通の実態が明らかにされたかのように結論づけられているものがある。だが、モノの流れを記したにすぎないそれらの矢印や図式などだけで、それにかかわる人間の暮らしや社会の実態、そこに潜む問題などを明らかにすることは不可能である。必要なのは、そこに記述された当事者たちがどんな利害や問題に直面し、どんな志向や能力を得たり失ったりしているのかという現実の解明である。それを考えることなしに「フードバリューチェーン」などという用語をふりまわしても無意味にちかい。

モノの流れを主人公にし、農民をそのなかの「籾の供給者」という単なる一駒としてみているかぎり、農民個々人が不断に生活の改善を求めている「生活者」であることが忘れられる。そして、農民が農村精米所を活用して自分の収入を増加させるのみならず、流通籾の質をも向上させる役割を果たしているという重要な事実もまた見落とされる。

米の「顔」を読んで技術改善がすすむ

日本以外の国の零細米作農民は、籾を白米にして自分で売ってみるまでは、「籾は籾。それだけのこと」として籾の「品質」にはほとんど無関心だった。なぜなら、いずれにしても同じような安い値段でしか売れないのだから。

ところが、籾を白米にして売ってみれば、「同じ籾でも、品質によってその価値はまるで変わる」ということにあらためて気づき、実感し、品質という要素の重要性を認識するにいたる。さらに、その視点が米にとどまらず農作物一般をみる眼を変えていく。すなわち、「品質とは価値である」ということを体感し、「品質観念」が形成されるようになる。これが米だけでなく農産品一般の品質にも及び、さらには社会全体にも影響を与えるにいたることが予見されるのである。

明治維新前後、日本の農民が急激に発達した近代工業の担い手になっていったとき、米を玄米として売ることによって培われた品質観念が、工業製品の質を維持し高めるのに貢献した。当時来日したお雇い外国人たちは、農村から集めてきたばかりの工場労働者の知識や規律をみておおいに驚き「どうして日本の農民がこんなにも高い規律と品質観念とをもっているのか」と自問したあげく、それを江戸時代に普及した寺子屋教育と農民が商品生産・流通にかかわっていたことに帰した。

だが、なぜ貧乏ひまなしの農民が、わざわざカネと時間とを費やして寺子屋に通ったのか。それはわずかな農地でも品質次第でより高く売れる商品としての玄米をつくり、そのための技術や秘伝を学び、互いに教えあい、水田灌漑のための協業から自治意識を養い、さらに有利な作物や手工業などがあるかなどを知るには「読み書き算盤」が必要だったからである。その結果として日本の農業は多様化し、幕末には養蚕や各種工芸作物やその他の手工業なども発達してきたのである。

これまでもっぱら籾のかたちで米を売っていた海外の零細米作農民は、その生産する籾の一部を農村精米所の利用によって美麗な白米にすることができるようになったが、これは農民にとっては画期的なことである。なぜなら、これによって初めて自分のつくる米の「顔」をみることができるようになるのだから。これまでは自分のつくった「米」は籾殻というお面をかぶっていて、その素顔はみていない。たとえ自分で籾を搗いても、できるのは砕米であってその素顔はわからなかった。

日本の米作農民は、脱穀・籾摺りをしてできた自分の玄米の「顔」を熱心にみる。その「顔つき」によって自分の米づくりを反省できるからである。その玄米に虫害粒が多ければ害虫防除を、未熟粒があれば施肥法や刈取り時期を、胴割れ粒があれば籾乾燥法を、などなどと反省・再検討し、それが技術の改善・向上となる。

海外の零細農民も、農村精米所の利用によって自分の米の「顔」、彼らのばあいには白米という顔がみられるようになったのだから、日本の農民と同様に米づくりの過程を反省し改善するきっかけが得られるようになったわけである。これは籾をすべてそのまま売ってしまうかぎり絶対に得られなかった利点である。そもそも籾の質を変えたところでなんの利益もなかったのだし。

籾を白米にして売るようになれば籾品質の改善はそのまま農民に利益になるのだから、普及員の技術改善のための助言なども聞き流すどころか、すすんで求めるようになり、積極的に技術改善の努力を重ねるようになる。

玄米流通と同じく、「品質＝価値」となる

農民は農村精米所で自分の籾を白米にする経験をとおして、自分のつくった籾の品質を把握し、ある程度評価できるようになっていく。たとえ収穫した籾の大半を籾のままで籾集荷業者に売らざるをえなくとも、もし自分の籾が不当に低く評価されていると感じたら、もっとましな買取り価格を主張する根拠があり、さらに、それが聞き入れられないときには籾で売らずに白米にして売ることを選ぶことができる。

アジア、アフリカの零細米作農家が農村精米所を利用して「白米にして売ることによって籾品質相応の正当な価格を得る」「籾品質改善によって利益をふやす」という選択をとることは、日本の小作農が敗戦直後の農地改革によって自作農になったときに自前の脱穀機・籾摺機を持とうとした選択と相呼応するものである。

日本の農民の大多数が小作農として働いていたときには、一定割合の小作料を機械的に納めて残りを自分の取り分とするほかなかった。たとえ増産をしても米の品質を改良しても、その成果の半分は地主のものになってしまう。だから、「精農」とか「篤農《とくのう》」と呼ばれる研究熱心な農民は小作農には稀で、それはほとんど自作農に限られていた。

だが、小作農が自作農になれば、今度は収穫のすべてが自分ものになる。栽培技術を改善して収量や米質を上げるだけでなく、脱穀・調整の作業にも念を入れ、米の品質を改善して高い単価で売れるようにつとめるのは自然である。それで前述したように、自前の脱穀機や籾摺機の獲得に殺到したわけである。

日本と海外とでは玄米流通と籾流通というちがいがあるが、海外では農民が農村精米所を利用することによって「米の品質を高めれば収入もそれに比例してふえる」ということが日本と共通になったわけである。

農民の技術改善の一例

海外の零細農民が籾を白米にして売る経験をとおしてその技術、すなわち収入が改善されるようになる顕著な例は、籾乾燥法の改善による白米の砕米減少である。

通常、農民が集荷業者に籾を売るばあいには、未乾燥籾では極端に買い叩かれるので、籾を乾燥してから売ることが多い。そのさい早く乾燥するために、籾を地上にごく薄く1センチかそれ以下の厚さに拡げ、強い日光の下で急速に乾燥する。

こんなやり方で籾を乾燥すれば籾の中の米粒は亀裂だらけになり、こうした籾を籾摺り精米すれば、たとえどんな高級な機械をもちいたとしても、砕米だらけの白米になってしまう。だが、そんなことは自分の知ったことではない。籾の状態でみるかぎり、どんなやり方で乾燥をしたかなど第三者にはわかりっこないのだから。早く乾燥してさっさと売り払い、借金を減らした方がいい。

現在のアフリカ諸国産の流通米はその品質がきわめて悪く、砕米だらけで、石や砂や異種穀粒などの混入も多いとよくいわれる。それは農民の多くがこのようなやり方で籾を乾燥していることを暗示している。

これとは対照的に、農民が自分の籾を農村精米所の利用によって白米として市場で売るばあいには、別のやり方で籾を乾燥するようになる。すなわち、土砂の混じらぬように地面にシートを敷き、その上に籾を4～5センチ以上の厚い層に拡げ、できれば弱い日差しのもとで、頻繁に攪拌しながら籾全体をゆっくりと均一に乾かす。このようにして乾燥した籾からできる白米は砕米の割合が大幅に少なくなり、高い単価で売ることができる。籾の乾かし方ひとつで利益は大きくふえるのだということを農民は実感する。

こうした籾の乾燥法、すなわち「籾の乾燥は、急激ではなく、ゆっくりとやった方がいい」ということは、商業精米所の技術者には昔から知られていることである。だから、商業精米所の抜け目のない経営者は、収穫期に農家からわざと未乾燥の籾を安く買い集める。そしてその籾を精米所の広い舗装広場に厚く拡げ、雇用した人夫に絶えず攪拌させ、上述のように全体を均一にゆっくりと乾燥する（図30）。このようにして乾燥した籾からは、農家で急速に乾燥して

図30　商業精米所での籾乾燥作業　撮影：筆者

ある籾からよりもずっと砕米の少ない白米が高い割合で得られる。

農村精米所の利用によって籾を白米にして売るようになった農民は、こうして商業精米所の熟練した技術者と同様の知識・技能をも自然に獲得し、白米販売の利益をふやすことができるようになるわけである。

アフリカの農村精米所でも、コンクリート打ちの広場を設けて、籾摺り精米を依頼に来る顧客農民にこれを無料で利用させるサービスや、そうしてできた乾燥籾を一定期間貯蔵するサービスまで提供しているところがある。これにはむろん、農民顧客の獲得、他の精米所との差別化という精米所間の競争原理がはたらいている。

CHAPTER

4

農村精米所の波及効果

農村精米所はそれを使わない農民にも役立つ

米づくりの歴史の長いアジア諸国では、今日、農村のいたるところに農村精米所があって農民に広く利用されている。アジアの米作農民にとっては、「籾で売るのは損、白米にして売れば儲かる」というのは当たり前の常識となっている。だから彼らの多くは、「できることなら籾ではなく白米にして売りたい」と念じている。

しかし借金に追われている多くの小農民は、年間数十パーセントにも及ぶ高利の借金を急いで返済する必要に迫られているために、籾価格がいちばん安い収穫直後の時期に損を承知で大半の籾をそのまま集荷業者に売り渡さざるをえないことが多い。たとえ籾のままで売るにしても、それをもう少し保存しておいて価格が上がった時分に売ればいいことはわかっているのだが、その余裕さえもないこともある。こうして借金の悪循環となる。

この状態を改めるには低利の農民融資制度などによって籾集荷業者などからの前借りをなくすことが肝心なのだが、それが十分にできていないから依然として農民は籾のままで収穫直後に販売し、貧困の再生産となっている。「農民が借金づけから脱出するためには低利の農民金融がいかに大切か」ということが、こうした場面でよくわかる。

制度金融などの恩恵にあずかれないアジアの農民は、近隣同士が集まっていわゆる「講」「頼母子講」を組織して順番に借金地獄から抜け出すようなこともある。このような農民の共同行動は相互の信頼を醸成してゆき、農民組合や農協組織を結成するための基盤となってはいるが、それが実際に組織化されるのは容易なことではない。

こうした互助活動がおこなわれるのは、重力灌漑（河川の流水などを使う灌漑）のための水利組合によって米作をしている地域に多い。そうした地域では相互扶助が生活に根づいているからである。しかし現在のアフリカの米作では、陸稲や季節的な湿地帯の利用や氾濫原などによる水稲作が多いから、灌漑組織を通じての共同性獲得とは別のし方でこの問題を考える必要もあるだろう。アフリカ諸国でも「結《ゆ》い」のような共同作業、すなわち労力の交換・相互扶助は広くおこなわれているのだから。

もし農村精米所の数がふえて近所にもそれができ、搗き賃も安くなってくれれば、その利用がいっそう容易になり、農民は籾で売る分をできるだけ減らし、白米で売る分をふやす工夫がしやすくなるはずである。アジア諸国では程度の差はあれ、こうした傾向がある。

その一方で、ごく零細な農家では、「わずかばかりの籾を乾燥・精選・精米し、それを市場で売るなどという手間をかけるよりは、たとえ安くてもさっさと籾のままで売り払って、他の手間仕事で稼ぐ方がいい」というばあいもある。

しかしこのばあいでも、それ以前に何度か農村精米所を利用して自分の籾の潜在的価値を知っているとすれば、あまりにも安い籾買取り価格を提示されたときには反論できるような根拠・材料が得られる。農村精米所が存在する地域ではそうした反論がありうるから、籾買取人もむやみに低い買取り価格は提示できない。だから農村精米所の存在は、たとえそれを利用しないごく零細な農家にとっても恩恵になる。

流通白米の品質も向上する

収穫した籾の一部を白米として自ら市場で販売する経験をとおして籾品質改善の有利さを悟った農民は、作物栽培過程と収穫後処理過程の改善に注意を払うようになり、籾の品質もそれによって改善されていく。

むろん、人情の常として、集荷業者に売り渡す分の籾は粗雑に扱い、農村精米所を利用して白米にして売る方の籾はていねいに扱う、という態度をとることはありうる。それがひとの自然である。現に、後述のビルマ（現ミャンマー）のばあいなど、政府に供出する籾と自家用の籾とはそれぞれ別の田んぼでつくられている。だが、実際の作業の現場では「この籾はどっちにいくのか」を考え、それによって栽培の方法や籾を扱う態度を変える、などということはできないことが多いだろう。したがって、農民の意欲向上とともに、生産される籾の質は全般的に自然に改善されていくだろう。

いまや農民には「白米にして売る」という選択肢があるのだから、籾集荷業者はあまりに安い買取り価格を提示することはできず、その価格は自然に上昇していく。一見するとこれは籾集荷業者にとってはデメリットかもしれない。しかし他方で、農民による籾質の改善もまた同時にすすんでいく。だから、業者にはこれまでよりもよい品質の籾が自然と集まるようになってくる。つまり、これによって商業精米所が損をするわけではなく、むしろ利益が増していく可能性の方が高い。ここに、アフリカで課題とされている「流通米の品質向上」を解くカギがある。

それまでのように集荷籾の品質が低いばあいには、商業精米所が売りに出す流通米の品質も低いままにとどまらざるをえない。繰り返していうように、いくら籾摺りや精米技術をあげたとしても、低品質の籾から高品質の白米はできないからである。アフリカ諸国で米の増産や流通米の品質改善をめざすなら、まず何をおいても農村地域における小規模精米所の設立・増加を歓迎しなくてはならないのはこのためである。

最近になって米作を始めたアフリカ諸国とはちがって、アジア諸国の流通米が一定の品質水準を維持しているのは、多数ある農村精米所が籾の品質維持・改善にこうした間接的役割を果たしていることによる。日本のような玄米流通ではなく籾流通であって、直接的には籾の品質が籾売渡し価格に反映されないような環境であるにもかかわらず、アジアの米作農民が米づくりの意欲をもちつづけ、米の品質も相応の水準を維持しつづけられてきた理由がここにある。換言すれば、農村精米所は商業精米所の利益を侵害しその市場の一部を奪うというようなものではなく、その逆に、その機能を補完する存在なのである。

これとは対照的なのは、かつてのインドネシアやビルマ、あるいはアフリカのいくつかの国である。これらの国では農村精米所の数がきわめて少なかったり、あるいは禁圧されたりした。そのばあい、農民がいかに米作の意欲を失い、どのように悲惨な事態が現出したかは次章を参考にされたい。

かつて筆者らが、農村精米所が現に果たしているこうした社会的機能に気がつかず、実行不可能な「零細籾取引きのさいの籾品質検定制度の実施」を一途に提唱していたのはまことに不明であって、恥じ入るほかはない。当時はまだ農村精米所の技術水準が低くてその役割が顕著ではなかったという事情があったにしても。

タイ米の高品質維持の理由

タイの農村精米所
上：米作の歴史が長いタイでは農村精米所も商業精米所なみの施設をもつ／中：農村精米所初期におこなわれた籾摺精米機の工夫／下：農村精米所での機械の試作　撮影：筆者

タイは伝統的に国際商品としての米の主要輸出国としての地位を長らく保ってきた。それは、この国が他の近隣米産諸国とちがって植民地とならなかったことが関係している。

他の米産国では、その生産する米がもっぱら宗主国の輸出商品となり、住民の口には入らなかったが、タイ（当時はシャム）では米を輸出もしたが、その国民もまた米をかなり食べていた。タイ語では食事をすることを「米を食う」という。

そのためタイでは農村精米所が早くから存在し、その利用によって農民の生産する籾の品質が高められてきた。その結果、高い品質の白米が得られ、国際的に評価されるような米の品質を保つようになったのである。

他の米産諸国同様、タイでも第二次大戦後には農村精米所が発達した。在来の蒸気機関に駆動される比較的大きな農村精米所に加えて、ジーゼルエンジンや電動機で駆動される小型の農村精米所がさらに数多く追加された。こうして、以前よりも零細な農家が精米所を利用できるようになったのである。

農村精米所の増加による地域住民の福利改善

新規参入の農村精米所が続々と現れ、その間の競争が激しくなれば農民の便宜は増すが、既存の農村精米所の一部は顧客を奪われることになる。だから、既存の農村精米所は自分のところに顧客をひきつけておくためには搗き賃を安くしたり、あるいは技術的改善やサービスの向上などにつとめたりせざるをえない。これは米作農民や地域住民にとってはおおいに歓迎すべきことであるが、既存の農村精米所にとっては負担となる。

そこで、なかにはこれをいやがって、カルテルを結成したり、同業者組合などをつくったりして新規参入を阻止しようとする誘惑に駆られることがある。ときには役人や政府を抱き込んで、新規参入を制約するもっともらしい法律や規則の実施を依頼することさえある。

だが、それらが米作農民や地域住民の利益に反することはいうまでもない。そうした行為・策略が露見すれば地元住民の反感を買い、顧客を失うことにもなる。したがって、既存精米所のまっとうな生き残り戦術としては、搗き賃値下げや技術的改善以外にも種々のやり方でサービスの多様化や改善につとめることになる。

その主なものとして、それぞれの精米所の特徴の多様化と相互補完がある。たとえば、搗き賃は高いが技術水準が際立って高いもの、その逆に白米の歩留りやサービスは多少劣るが搗き賃が際立って安いものなどがあれば、顧客農民の選択の幅がひろがる。さらに、いろいろな種類のサービスの提供、たとえば次のようなものがある。

・搗き賃現物払いの方法・支払い時期の多様化
・精米副産物の加工・販売
・精米所の動力の各種作業への提供
・梱包や輸送のサービス
・受託籾の精選サービス
・他種穀物の粉砕・加工・処理
・白米販売先の紹介・斡旋、あるいは販売請負いや代行
・太陽光発電による電池充電サービス
・各種日用品や農業用資材などの小売りや取次ぎ

・米作や収穫後処理技術の研修実施あるいはその仲介
・小口金融や信用代行
・地域内の各種サービス業の紹介・斡旋
・籾のパーボイル処理（次頁参照）

農村精米所は、こうした多様な方法で利用者の便宜をはかり、農村地域社会の生活改善と発展に貢献することができる。ここに列記したようなサービスは、世界各地の農村精米所のいずれかで、すでに実施されている例である。

これらの各種事業のうち、特記する必要があるのは「白米販売先の紹介・斡旋、あるいは販売請負いや代行」である。農村精米所が発達していくにつれ、そのうちのある者は農民から収穫した生籾を預かって乾燥して籾摺り精米し、さらにそれを都会の米穀業者に売り払い、その売上げ代金から精米所の手数料だけを差し引いて残りを農民に渡すという活動をするものが出てくる。

こうした農村精米所では籾倉庫や白米倉庫が必要になってくるし、精米機械類も数多くなるから、一見すると商業精米所のようにみえる。だがこれは農民の白米販売を代行しているにすぎず、そこに一時貯蔵してある籾も白米も農民からの預かりものである。自分で買い入れた籾を精米し販売する商業精米所とはまったく性質が異なる。

こうした農村精米所が数多くできてくれば、農民にとってはその利用がますます便利になり、

パーボイル米

パーボイル米とは、南アジアや西アフリカ地域で好まれる米。米の品種ではなく、籾をパーボイル処理すなわち籾を数日間水に浸漬し、それから短時間蒸気で蒸したものをいう。

道具や処理時間・方法などは地域や慣習によってまちまちだが、籾に水を十分吸水させてから蒸す（または煮沸する）という点はどこでも共通である。パーボイル処理された籾は、その後乾燥され、あとはふつうの籾と同様に貯蔵・籾摺り・精米される。

パーボイル米がつくられる理由は、主としてその味がある地域のひとびとに好まれるからであるが、以下のようなさまざまな利点もある。

①炊いた飯が粘らずパラパラになり、独特の風味がでる。②米の澱粉がゼラチン化し、米粒にあるひび割れが接着するので、精米したときの砕米が減り完全米の割合がふえ、籾から精米するときの歩留りが向上する。③糠層にあるビタミンB_1や他の栄養素が米粒内部に浸透・拡散するので、白米にしても栄養価が高い。④籾が死んで呼吸しなくなり、また害虫の卵などが殺されるので貯蔵が容易になる。⑤籾殻がゆるむので、簡単な道具で籾摺りが容易にできる。

農村社会でのひとびとの相互の信頼と協調とが発展する。精米所間には競争があるので、信頼を裏切るような者はたちまち顧客を失う。イランのカスピ海沿岸の米作地帯などではこうしたシステムが発達している。

このようにして農村精米所の活動が多様化・多面化していけば、農村精米所が互いに足を引っ張りあう商売敵《がたき》ではなく、その能力・資金・特技・場所・特徴等に応じて相互に補完しあって米作農民と地域住民の生活の便宜を改善していくネットワークを形成するようになるだろう。

農村精米所を否定する意見

農村精米所のこうした積極的な社会的役割にたいして、疑問を挟んだり否定したりするような見解が述べられることがある。そうした発言は、商業精米所などから依頼されたばあい、また、「効率化」を謳い文句にしている新型精米装置の製造・販売業者の宣伝であるばあい、さらには学者などが「理論的に」考えた意見であるばあいなど、さまざまである。

こうした意見の代表的なものは、「零細な農村精米所は商業精米所にくらべて技術水準が低く、籾から白米になる歩留りが低い。だから、そこで籾を精米すると多大な搗精損失が生じる。こうした穀粒の損失を減らすためにも農村精米所は廃止し、籾はできるだけ技術水準の高い大型（商業）精米所に集中し、そこで精米するべきである」というようなもの。

これは短見であろう。もし農村精米所が存在しなかったら、農民には収穫した籾をそのまま売る以外の選択肢はなく、したがって籾の品質が評価されずに一様な安い価格でしか売れない。その結果、農民の米生産意欲が低下するのみならず、籾品質改善の動機が失われる。そして、集荷される籾の品質は低くなっていく。繰り返しになるが、籾の品質が低ければ商業精米所がどんな精米機械を使っても、白米の品質も歩留りも改善できない。だから流通する白米全般の品質も低下する。

さらに、もし農村精米所が禁止されれば、零細農民は自家消費米をつくるためには籾の手搗きをしなければならない。だが、この非能率な仕事で失われる農民の労働は莫大であり、おまけに手搗きでは白米の歩留りが低く、籾の損失も大きくなる。

農村精米所の技術水準にたいする誤解

すると今度は、次のような意見が出てくる。「農民が自家消費米のために農村精米所を利用するのは認めてもよい。だが、農民が技術水準の低い農村精米所を利用して販売用の精米をするのは資源の無駄であるから、これは禁止すべきだ」というような。

こうした意見は、一部の商業精米所の利益を代弁しているつもりではないとすれば、実状についての無知によるものだろう。

前述したように、農村精米所は手軽で有利な商売だから農村米作地域では新規参入者は後を絶たない。そして、その間の競争は激しく、農村精米所は不断に淘汰・更新されている。だから搗き賃は低下しつづけ、その技術水準の向上も不断に進行している。それについていけない業者は淘汰されて消えていくが、また新しく参入するものも後を絶たない。新規参入者は当然在来の精米所よりはすぐれた技術水準のものであり、そうでなければ顧客に相手にされない。

第二次大戦直後はどこでも工業設備が荒廃していたので、農村精米所といえばもっぱら旧式のエンゲルベルグ式機械1台だけを使い、籾摺り過程と精米過程とを混合して同時におこなっていた。したがってはなはだしい砕米を生じ、精米歩留りも低かった。「農村精米所といえばそうしたものだ」という古い思い込みをいまでもひきずっている人も多い。

ところがその後、どんなに原始的な農村精米所でも籾摺り工程と精米工程とには別々の機械が使われるようになり、米の総歩留りも高くなっていった。ついで籾摺り用には遠心式などの籾摺機が使われるようになり、摩擦式精米機が使われるようになった。1960年代後半にはゴムロール式籾摺機と噴風摩擦式精米機とを組み合わせた一体型の籾摺精米ユニットが日本で開発され、その安い模造品が東南アジアやアフリカ諸国に急速に普及した（図31）。この機械ひとつで、旧来の商業精米所で伝統的に使われていた複雑高価な欧州式籾摺精米システムの性能をすでに凌駕している。いまではこれ以外にも中国による新型機器の模造品がアフリカ各地でも安価に売られている。

また次節で述べるように、一般に農村精米所は商業精米所よりも設備の更新が早い。ところによっては各種の付属機械類（石抜き機・籾粗選機・籾分別機・砕米分離機・白米精選機など）を追加した装置も現れるようになっている。だから、農村精米所はその処理能力は別として性能の点で

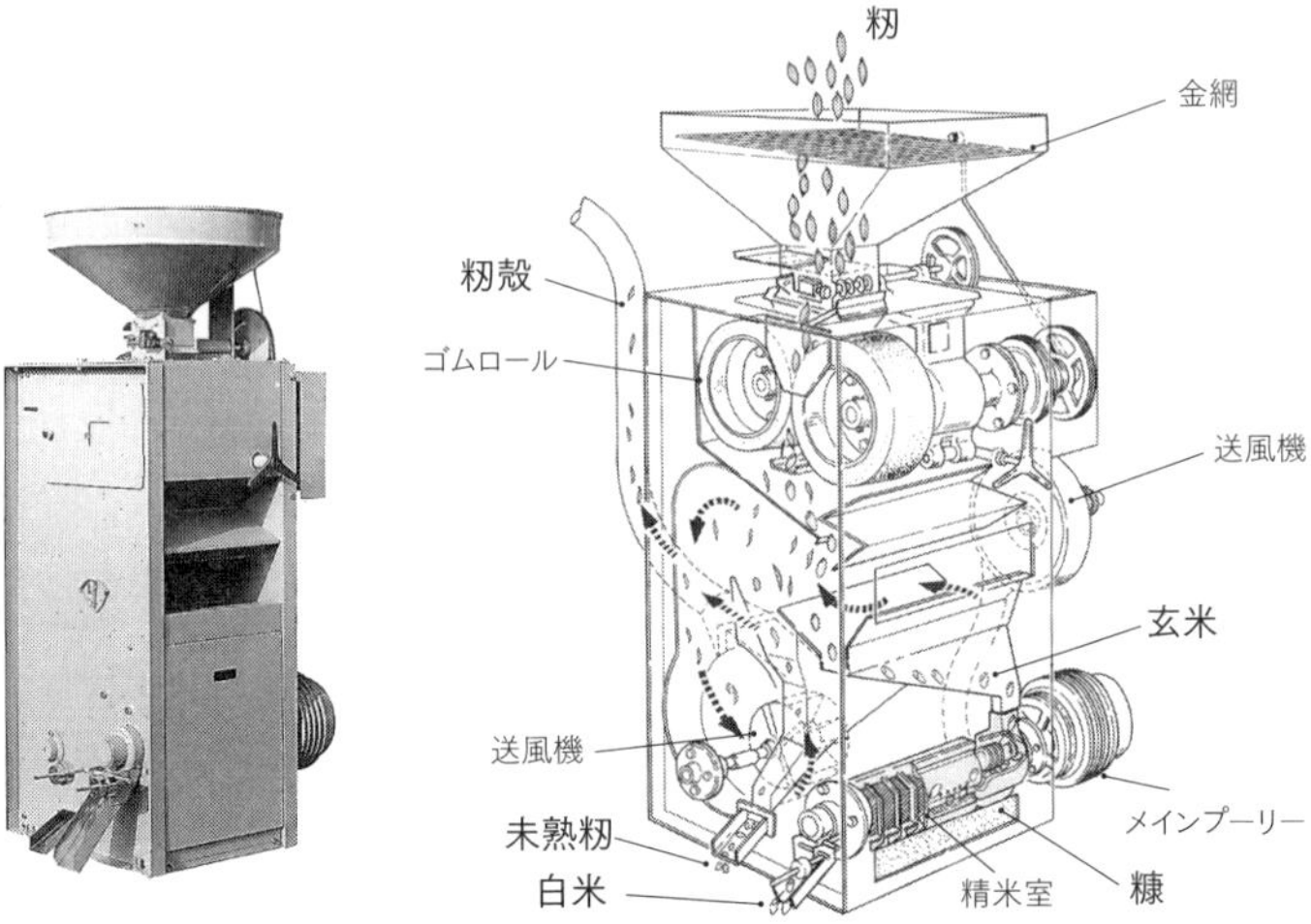

図31　籾摺機と精米機が一体となった籾摺精米ユニット（サタケSB10）
この機械の中国製模造品が同じくSB10という商品名できわめて安価に売られている
出典：（株）佐竹製作所カタログによる

は商業精米所にまさるとも劣らないようなものに変わりつつある。

さらに、農村精米所は同じ狭い地域で生産された籾を原料として、その近隣家庭の飯米用にほぼ一様な仕様の白米をつくるのにたいし、大型の商業精米所は全国各地から多種多様な品種・特性の籾を集め、それを原料として精白の程度も混米の割合も包装も多様なブランドの流通米をつくる。つまり原料も最終製品のかたちも異なるのであるから、商業精米所の方が必ずしも加工損失が少なく精米歩留りが高いとはいいきれない。

農村精米所は商業精米所の技術向上をもうながす

現在では世界のどの国でも都市人口の割合が

ふえつつあり、アフリカも例外ではない。しかもアフリカ諸国ではとくに都市在住者の米の消費量の急速な増加が目立つ。そして忙しい都市部のひとびとは自動炊飯器に電源をいれるだけで簡単に炊き立てのご飯が食べられる米を重宝にして、「もう（在来のような）調理の面倒なウガリなどには戻りたくはない」と口々にいう。ウガリとは、主としてとうもろこしの粉などを「そばがき」のように練ったもの。だから都市人口増加だけでなく、一人当たりの米消費量増加が都会地域の米消費を急増させている。

これにたいし、農村精米所から農村地域に供給される白米の量の割合は、国内の白米流通量全体からみれば微々たるものにすぎず、また、それが急増する見込みもない。なぜなら、農村人口は相対的に低下しつづけており、さらに、農村地域にも美麗に包装された商業精米所の白米が流入しているからである。

それにもかかわらず、農村精米所の存在が農民の意識と行動の変革を通じて農村社会の活性化に大きな働きを果たしている。だからこそ農村精米所が「農村社会活性化の梃子であり、触媒である」と称されるのである。

もし商業精米所が「農村精米所の性能改善とそれによる白米品質の向上」を脅威と感じ、それによって彼らの顧客が奪われるのを危惧しているとすれば、それは杞憂《きゆう》である。なぜなら、農村精米所はその活動がごく狭い地域に限定されている「加工請負業」にすぎず、零細農民がそれを利用して多少の商行為をするとしても、それは当該地域限定のものであるから。

もし仮に、零細農民の売る白米が商業精米所の「手ごわい商売敵」となるようなら、それはこれまでの商業精米所のサービスによほどの問題があったことを示すものであり、それを改善することになるのなら、それはむげに否定されるべきものではあるまい。また、そうなることをおそれて商業精米所が自分の設備の技術的改善をすすめるようであれば、まことに結構なことである。

かつては、次のようなことが「通説」としていわれていた。「商業精米所は買い取った自分の籾を加工するのだから精米技術向上の経済的誘因が強く働く。これにたいして農村精米所は他人所有の籾の賃加工をするので歩留りの可否には無頓着で、ひたすらその処理能力を拡大することだけに意を用いる。したがって前者は技術的に進歩するが、後者は技術的には停滞する」と。しかし実際の経過はこうした「通説」とはちがっていて、その逆だった。

なぜかというと、農村精米所は不断に激しい生き残り競争にさらされ、また小規模であるから技術の進歩につれて設備の更新もすみやかにすすんだからである。これにたいして、商業精米所はその同業他社との競争は間接的であり、またその組織も設備も大きく複雑であり、しかも多くのばあい、その性格上、その社内での技術部門よりも営業部門の発言力が大きい。それで設備の更新や技術的改善は二の次にされがちであり、とかく古いが高価な加工機械が温存されがちである。このことは次章で述べるインドネシアの例からもみてとれる。

CHAPTER 5

アジア・アフリカの米の増産と農村精米所

農村精米所の出現によるインドネシアの奇跡的な米増産

米づくりで農民が得られる利益はきわめて低かった

かつてインドネシアは世界最大の米輸入国で、世界の食糧安定供給上の一大不安要因だった。だから1945年の独立後、この国では米の増産は至上命令であったが、それにもかかわらず、その米生産増加の歩みは遅々としていた。

当時、同国の精米所は華僑の所有・運営する少数の商業精米所しかなく、その総精米能力は生産籾の1割か2割程度しかないとされていた。それなら精米所が新設・増設されてもよさそ

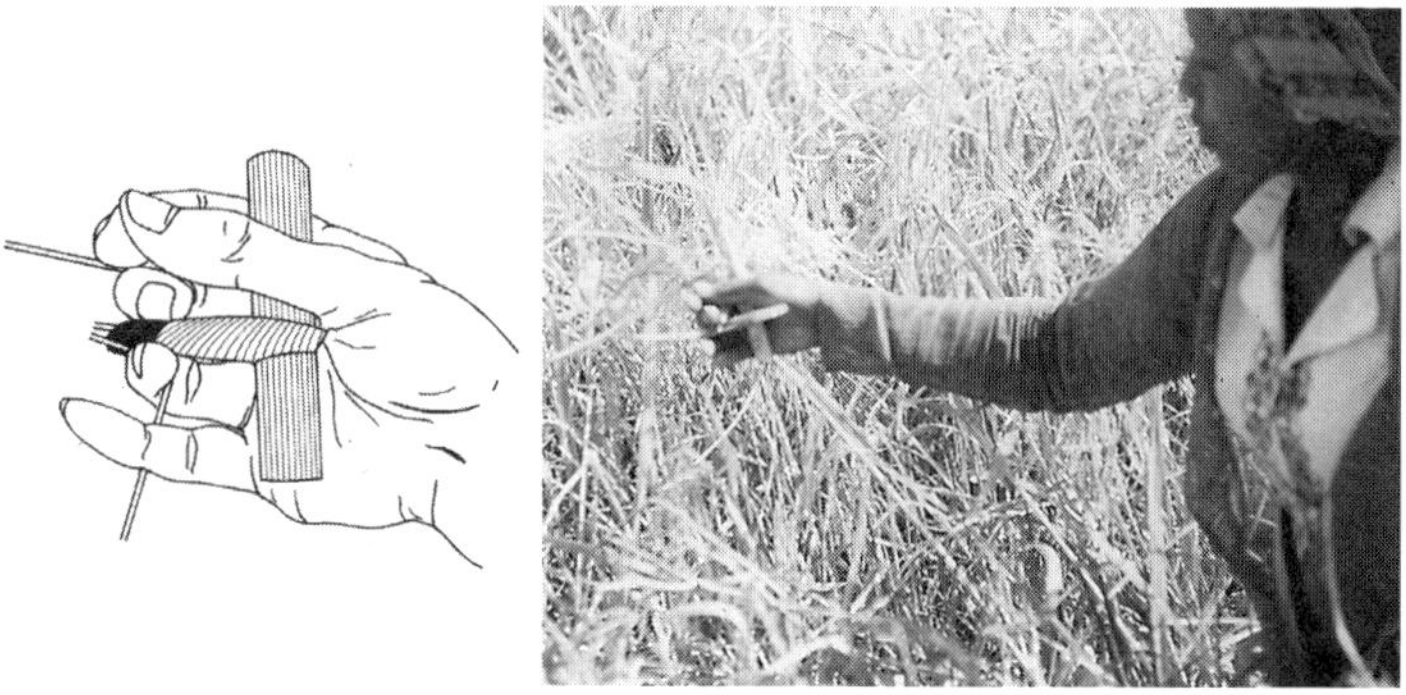

図32　穂摘み用具（アニアニ）の使い方　撮影および原図：筆者

うなものだが、それには政府の「許可」が必要であり、その許可を得られるのは米の集荷・加工・販売・輸入などを一手に仕切っている華僑系の財閥・商人に限られていた。ふつうの人間にとっては、小動力を使った賃搗きの精米所を設立するなど、夢にも考えられないことだった。

当時はジャワ島とその周辺の島々では脱粒難である準日本種の米が栽培され、収穫は穂摘み用具（アニアニ）による穂摘みだった（図32）。そして稲穂の束のまま運搬・乾燥・貯蔵され、米集荷業者に穂束のままで売られた。穂束は精米所にそのまま積み上げて保管・貯蔵され、精米直前に穂束から穂首を切り落とし、脱穀機に投げ込まれて脱穀された。脱穀機は当時のインドネシアでは、農民用の機械ではなく、精米所に必要な設備であった。

稲穂からの白米の歩留りは一般的に50パーセントとされ、これは籾粒からの歩留り（60〜65パーセント）よりもさらに低い。だから農民が稲穂束を売るさいの買い手による籾品質評価は籾粒で買い取るばあいよりもさらに恣意的になり、他国の農民が籾粒で売るときよりもさらにいっそう不利であった。

こうして稲穂はきわめて安くしか買ってもらえなかったので、農民は稲穂を手搗きで「白米」にして近隣の商店などに売ることにつとめた。だが、その作業は籾粒からの手搗きよりもさらに手数がかかる。しかし穂のままで売るよりは多少ともよけいに利益が得られた。

その作業は、まず穂束をばらばらにして稲穂を舟型の木の臼に少しずつ入れ、それを木の杵で搗いて脱穀する。だが、当時のインドネシアの稲は日本同様に脱粒難の品種だったから、これには手間がかかる。こうして稲穂から脱穀された籾粒は別の搗き臼に入れて再び杵で搗き、風選してはまた搗く。これを繰り返して籾摺りと精米とを同時におこない、「白米」を得るのだが、白米とは名ばかりで、籾・玄米・白米・砕米の混合物である。これを風選したり篩でふるったりして、近隣の商店や地方市場などで「白米」として売る。顧客は農村の貧困層であり、当然安い価格でしか売れない。それでも稲穂をそのまま業者に売るよりはまだましだったのである。

農民にとっては、こうした「白米」でも米は贅沢な食物であった。日常の食事はとうもろこし・キャッサバ・さつまいも・椰子・バナナ・各種蔬菜などであり、米はハレの日にしか食べられなかった。農村在住者でも、余裕のある者はこうした農民の手搗きの「白米」ではなく、商業精米所で機械精米してつくられた高価な流通米を買った。

このような状況下では、政府が農民にいくら「米をつくれ」などといったところで米の生産がふえるわけはなかった。

「精米所設立自由化」という衝撃

1960年代末、「建国の父」スカルノ大統領を追い落として権力の座についたスハルト政権は、共産主義者とその同調者とみなした者数十万人をきわめて残酷なやり方で迫害した。このときの惨状は有名だが、華僑はすべて共産主義者の一味であるとみなされた。

新政権は、華僑商人の牙城である米流通の分野から彼らを追い出すため、「プリブミ」と呼ばれる生まれつきのインドネシア人に限り、無条件で精米所新設の許可を与えるという宣言を出した。

これは、昨日までは夢にも考えられなかったような僥倖《ぎょうこう》であった。その結果、全国農村のいたるところに、それこそ雨後の筍のように、続々と小さな精米所ができ、その精米能力の総計はたちまちのうちに米の生産量をはるかに超えた。こうした小精米所をつくったのは金持ちの事業家ではなく零細な地主・退職官吏・小商人・手工業者などで、新たに現れた精米所はほとんどすべてエンゲルベルグ式機械1台だけを使った賃搗き精米所（農村精米所）だった。

いままで手搗きに散々苦労をしていた農民は、新設の農村精米所をわずかな賃搗き料で利用できるようになったので、これによって白米をつくりだし、それを市場で売りにだした。その米は手搗きでつくった「白米」とはまるでちがってきれいで、ときには商業精米所からの米とも見まがうほどだったので、前よりは格段に高い価格で売ることができた。

農村精米所はおしかけてくる零細米作農民によって大繁盛したので、その数はふえつづけ、その相互の顧客獲得競争によってたちまちのうちにその設備も性能も改善されていった（図33）。最初のうちはエンゲルベルグ式籾摺精米機1台だけのものが大半だったが、それがまもなく籾摺り用と精米用との2台のエンゲルベルグ式になり、ついで籾摺り工程には現地産の衝撃式籾摺機が使われるようになったが、それはまた数年のうちにゴムロール式籾摺機に取って変わられた。さらに、精米工程がエンゲルベルグ式から噴風摩擦式に変わったので、性能は一段と飛躍した。これに加えて、年を追うごとに籾粗選機や籾分別機などが追加され、各種の砕米分離機なども加えられるようになっていった。この間、精米設備のこうした飛躍的改善にもかかわらず、搗き賃は低下を続けた。

技術水準の低下？　学者のふしぎな解釈

こうして農民たちは新たにできた農村精米所に殺到したが、もともとわずかしかなかった従来の華僑の大型商業精米所にはもはや籾が集まらず、没落していった。このような状況をみて、先進国のある学者は、「インドネシアの米加工の技術水準が大きく低下した」と評した。本当

図33　インドネシアの農村精米所
上：エンゲルベルグ式機械１台だけで，籾摺りと精米をおこなっている／
下：左奥の機械はゴムロール式籾摺機、それから出た玄米（多少の籾を
含む）を正面の噴風摩擦式精米機に入れて白米にする　撮影：筆者

か？

たしかに、新たに現れた農村精米所は、最初のうちは、エンゲルベルグ式機械1台だけの粗野なものだった。もしその状況がそのままずっと続いたなら、この評にも一面の真理があったかもしれない。しかし、事実はちがっていた。小精米所の数が急速にふえていくにつれ、顧客獲得競争のためにその設備は前述したように次々と更新されていった。旧来の円盤式籾摺機がゴムロール式になり、精米機が噴風摩擦式になれば、もうそれだけで白米の総歩留りも完全米歩留りも古典的な欧州式精米設備よりも決定的にまさるものとなる。

これとは対照的に、在来の商業精米所はその独占的地位にあぐらをかいていて、技術的改善はいっさい怠っていた。彼らの設備は、相変わらずボイラーつきの蒸気機関を動力源とする旧式のものであり、中間軸を介した蜘蛛《くも》の巣のような平ベルトで駆動される円盤式籾摺機と逆円錐型精米機、それらのための小区画式籾分別機や多数の振動篩や風選機などであった（図29、100頁参照）。

この学者は、古くからの商業精米所が多数の機械を並べて複雑な重々しい外観をもつのにたいし、新設精米所がその半分もない数の機械が軽やかに回っているのにすぎないのをみて、肝心のその性能をみずに外観だけから「技術的水準は低下した」と断じたのである。

しかし問題は、こうした機械の性能についての「技術的判断の誤り」にあるのではない。そもそも、「古くからある精米所」と「新しくできた精米所」の機械だけを見くらべて、この国の「収穫後処理技術の水準」が「進歩した」とか「退歩した」とかという判断を下すことがおかしくはないか？　それは「木をみて森をみない」ものである。

「古くからの精米所」しかなかった時代には、機械による籾の処理加工は全収穫籾の1～2割しかなくて、残りはすべて前述したような手作業でおこなわれていた。これにたいして、「新しい精米所」の時代には手作業は一掃され、収穫籾の全部が機械によって処理されるようになったのである。だから、たとえ「新しい精米所」が、仮にエンゲルベルグ式機械1台だけの原始的なものにとどまっていたとしても、この国の米収穫後処理過程全般の技術水準は大きく改善されたのである。しかも実際には、新しい精米所の技術水準はそこにとどまらず、前述のように日を追うにつれて急速に改善されていったのである。

しかし、そもそも、「技術水準が向上したか、それとも低下したか」などという論議は農民にとってはどうでもいいことである。肝心なことは、国民の多数を占める「農民の立場が改善されたか否か」ということだろう。それを問題とせず、技術論議をする学者の見識を疑わずにはいられない。

奇跡的な米増産の実現

こうして米が儲かる作物となったので、農民はいままでとは打って変わって米づくりに熱中するようになってきた。折も折、フィリピンにある国際米作研究所（ＩＲＲＩ）が開発した高収量品種（ＨＹＶ）の稲が国際的な評判になり、１９６０年代から１９７０年代をとおしてアジア一帯に爆発的に普及していった。インドネシア政府も半強制的に高収量品種の普及につとめたのだが、インドネシア人の米の好みは在来の準日本種の米（*bulu*）であったので、政府の掛け声にもかかわらず高収量品種の米は消費者にはそっぽを向かれ、あまり消費はひろがらなかった。

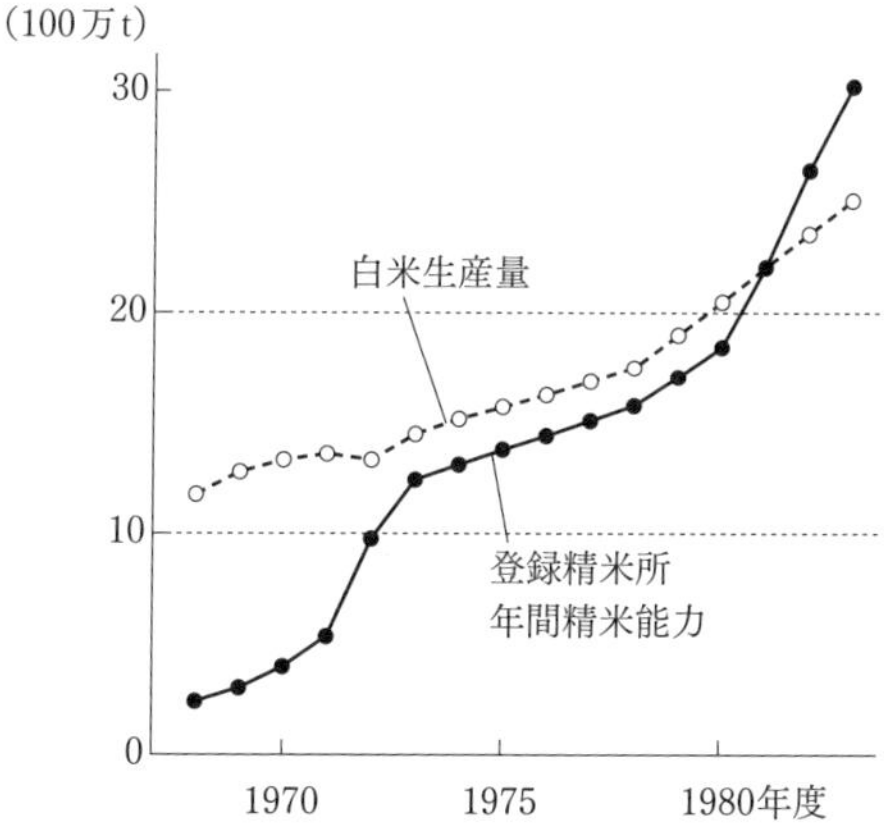

図34　インドネシアの白米生産量と年間精米能力
出典：各種資料から筆者作成

ところが、米をつくる方の農民は、いまや米が儲かる作物になったので、この高収量品種を積極的に採用し、いたるところにこの稲を植えた。こうしてインドネシアの米生産はそれまでの停滞からすさまじい勢いでの増加に転じ、農村精米所の数もそれ以上の勢いでふえていった（図34）。これによって零細米作農民の立場は改善されつづけたのである。

こうした結果、１９７０年代は「米増産の奇跡の10年」といわれ、スハルト大統領は国連総会で「いまやわが国は米の自給自足を達成し

稲収穫法の変化――穂摘みから根刈りへ

1970年代までのインドネシア、なかでもジャワを中心とした地域での米作は、農村地域の相互扶助的慣行に彩られていることが多かった。とくに米の収穫は、穂摘み用具（アニアニ）を用いて稲穂を摘み取る収穫法で、村の女性の誰でもが参加でき、これによって田の神も喜ぶとされた。

「今日は誰それのどの田で刈取りがある」という話が伝わると、そこに女・子どもが手に手にアニアニと袋か籠を持って集まり、開始の合図とともに一斉に田に入って穂摘みを始める。ときには肘と肘が触れ合うほどの混雑で、とくに稔りのよさそうな場所には多くの人が集まる。収穫した稲穂の一定割合が刈取り人の取り分となる。

この慣習についてはかねて次のようなことが農民のあいだでいわれていた。「アニアニ収穫では不特定多数の人間がわれがちに田に入って稲を踏み荒らすので損失が大きく、分け前の分配も煩わしく不満のもとになる。人夫を雇って鎌で収穫をしたいものだ。その方が穀粒損失も少なくて済む」と。しかしアニアニ収穫は伝統的な慣習だったから、これを廃するということはなかなかできなかった。「貧しい村人を助ける長年の慣行が、地主（とはいっても大半は0・5ヘクタール以下の農地所有）の利益のために廃止されるなど許されていいものか」と。

ところが、農村社会に深く根づいていたはずのこの慣行が、高収量品種の稲（ＨＹＶ）の普及とともにまたたくまに消えていった。これまでの在来種の稲は草丈が高く、稲穂は大きくて数が少なく、穂から籾粒は容易に落ちなかったから穂摘みしやすかった。しかし、これにたいして、高収量品種は草丈が低く稲穂は小さくてその数が多く、籾が稲穂から落ちやすかったからである。こうして、不特定多数のひとびとによる穂摘み収穫から、雇用労働者による鎌を用いた根刈りへと急速に変わっていった。

このときにもまた、農村精米所の出現を「技術水準の低下」と断じた（１３９頁参照）と同様な先進国の「識者」が現れ、「鎌による根刈りは伝統の破壊であり土地なし農民の生活を脅かすものだから、これは法律で禁止すべきだ」と論じた。こうした論が新聞紙上に現れたとき、「学者の現実知らず」として庶民にはもの笑いの種にされたものである。

農民は籾のままで売ることもあるが、農村精米所がいたるところにあるいまでは、誰でも籾を白米にして売ることができる。だから、穂摘み収穫の時代に穂束で売ったときのような安い籾買取り価格はありえない。農民は高収量品種導入による籾収穫増と籾を米にして売るという二重の利益を享受でき、空前の米生産増大となったのである。それが米作農村に豊かさをもたらし、土地なし農民にも福利となったことはいうまでもない。

インドネシアでの稲の穂摘み収穫
村の女性は誰でも参加できたが、この習慣は高収量品種の普及とともにまたたくまに消えた　撮影：筆者

た」と意気揚々と報告するにいたった。

スハルト政権下でのこうした急激な米生産拡大は、政権の直接的目標であった華僑退治の一環として「精米所設立の自由化」がおこなわれたことの結果として期せずして出現したものであり、いわば「副産物」であるが、その必然的結果でもあった。

スハルト政権以前のスカルノ時代から政府の米増産政策はさまざまにあったのだが、大袈裟な掛け声とは裏腹に、それらは有効には働いてこなかった。効果を発揮するようになったのは、精米所設立が自由化され、農民が「米をつくれば儲かる」と実感するようになり、彼らが積極的に米をつくるという状況になったからである。

したがって、インドネシアの米増産成功を「政府の一貫した米増産政策の成果」としてだけみるのにはいささか違和感があり、そのような断言に同意するのには二の足を踏まざるをえない。

スハルト政権は華僑の独占的権益は取り上げたが、それに代わって軍人が各種の権益を独占し、軍人にたいする多額の賄賂なしにはどんな零細な事業も始められないようになった。農具や農業機械などの零細製造業の設立についても、巷では「溶接機や旋盤を買うカネはあるが、軍人に渡すほどのカネ（営業許可を得るための賄賂）はない」「動力線をひく『許可』を買うカネが高すぎる」というような声がしきりに聞かれた。

農具の修理や改造など、近隣諸国のタイやフィリピン、マレーシアなどなら街角の機械修理屋に頼めばその場で簡単にやってくれるようなことが、ここでは大仕事になった。こうして、近隣諸国にくらべて各種農業機械の開発・生産・普及にははなはだしい遅れをとった。

スハルト政権のその後の米に関する政策についてはほかにもいろいろな問題、たとえば官製の「協同組合」による米流通への介入などがある（74頁参照）が、ここでは省略する。だが、「農村精米所設立自由化によって農民は米作の利益を享受し、生産は急速に伸びた」という歴史的事実についてはいまいちど強調しておきたい。

ビルマの米流通国営化の悲劇

以下は1960年代、ビルマ（現ミャンマー）の軍政下でおこなわれた「ビルマ式社会主義」の時代の風景だが、この例は今後のアフリカ諸国での米増産や米の品質改善を考えるうえで参考ともなるだろう。

籾の強制供出制度

この時代、輸出用の米を確保するため、ビルマ国内の都市住民の消費米は配給制となった。

これ以外にも、軍人・官吏への現物支給用の米が要る。そのため、政府は全国の各地方・州・県・郡・村の農民に厳格な籾の供出割当を課した。すなわち、米作農民の自家保有籾を例外として、流通籾と流通米とはすべて政府の統制下におかれたのである。

米の収穫期になると政府は国内の各地方・州・県・郡・村の各段階の組織の長にたいし籾の供出割当量を示し、これを一刻も早く達成するよう厳しく督励した。新聞・ラジオは連日各地域の籾供出の進捗状況を報道し、その目標を真っ先に達成した組織の長は新聞に大きな写真入りで名前が報道され、褒賞と出世が約束された。

農民にたいしては一刻も早く供出割当を達成することが促され、それを達成しないと厳しい罰を課した。だが供出目標を達成してしまえば、残りの籾は自由に処分できる。それで全国各地の米作農民は、供出用の籾を牛車や小舟に積んで指定された政府の籾買取所に殺到し、長蛇の列をなした（図35）。その列の長さは数キロメートルにも及び、牛車の下や運河に浮かぶ小舟の中で煮炊きし寝泊まりして数日間も籾売渡しの順番を待つのが通例だった。

「全国的な籾買取りをやるにしても、地域を細かく分けて順番に買い付けるようにすれば混乱が避けられるだろうに」というと、「そんなことをしていると農民が籾を横流ししてしまって集荷目標を達成できないおそれがある」という返事が返ってきた。

図35　政府の籾買取所に向かう農民たち
撮影：筆者

買い取られた籾の行方

籾買取所の担当役人は一刻も早く買上げ目標の籾量の集荷を達成するよう、上から厳しく督励されている。他方、列をなして待ちくたびれている農民からは罵声を浴びせかけられる。公式には籾の買取り時には籾の水分や夾雑物の割合などの検査をすることになっていて、そのための計器類も籾買取所には備え付けられているのだが、そうした検査や測定はいっさい省略され、それを監督官も黙認している。籾買取所では、農民の持ってきた籾の目方をそのまま計り、一律の単価で籾を買い取る。買い取られた籾は品種や水分ごとの区別もせず、バラで地面に山積みに堆積される。だから、農民のなかには自分の籾を売る前にわざわざ水をかけたり、あるいは土などを混ぜて増量する者も出てくる。

買い取られた籾は、バラのままで貨車やトラックに積み込まれ、政府籾倉庫に運ばれるが、その途中で籾は少しずつ誰かに抜き取られ、かわりに同重量の煉瓦やコンクリート塊などが混入される。こうして規定どおりの重量の「籾」が政府籾倉庫へ、ついで国営精米所に送られる。

国営精米所は首都周辺には数か所あるが、これらはいずれも英領時代にインド人に経営されていた古典的な欧州型精米所で、それをビルマ独立後に政府が接収して国有化したもの。19世紀製の炉筒ボイラーと往復動蒸気機関で駆動される旧式機械で、更新も追加もされておらず維持修理も不完全なので、性能は劣悪であり、実能力は表示能力よりははるかに劣る（図36）。かつては国内に精米機器や動力装置の製造・修理工場もあったが、それらはすべてなくなっていた。

政府籾倉庫から精米所に運ばれてくる「籾」がトラックから吐き出されるとき、まず最初に出てくるのは籾の多少混ざった土や粘土や煉瓦など。デルタ地帯だから石や砂は少ない。これに混在している籾を選別して精米設備に流し込むわけだが、籾の品質と精米所の性能がともに低いので、そこから産出される白米の品質は当然、劣悪・不均一なものとなる。

図36　ビルマ（現ミャンマー）の政府精米所。写真でみると立派だが老朽化している
撮影：筆者

米輸出の壊滅

こうして生産された白米が国内の消費者に配給されたり、軍人や官吏に現物給与として与えられたり、またその一部は輸出されることになるわけである。この国の外貨収入の重要な柱は米の輸出だったから、良質の米は優先的に輸出用にまわされた。だが、「米の輸出拡大」の掛け声とは裏腹に、軍政時代のビルマからの米の輸出は低迷をきわめた。かつては年間数百万トンもの米を輸出して、米輸出量世界一の座をタイと争っていたのに、数年間の軍政の時代を通じて米の輸出量は下がりつづけ、ほとんどゼロにまでちかづいた。その理由は、輸出契約をした米の品位が守られず品質粗悪であったこと、さらに契約書に記載された納期・数量その他の条件が守られず、輸出港での滞船料が著しくかさんだこと、手続きが万事お役所仕事でラチがあかないこと、などなど数えきれぬほどの不手際が重なって、諸外国から米の輸出国としてはもはや相手にされなくなったからである。

国内流通米の品質

政府が国内で配給した白米は、各種の異物や異種穀粒が混在しているのみならず、搗精度は

図37　農家保有籾からつくられた白米が市中では売られている。搗き方は原始的だが配給される政府米より格段に品質がいい　撮影：筆者

不均一で付着糠の酸化で悪臭を発し、はなはだ評判が悪かった。だからこれを買った消費者はもう一度これを臼で搗いたり、よく洗ったりしてから炊くのを常とした。

農家は供出割当達成後の自家保有籾を処分するのは自由であったが、その籾を白米に搗くのには政府指定の賃搗精米所を使うように指示されていた。だが、それらはいずれも長蛇の列で数日待ち。それで多くの農民は、存在しないはずの民間の賃搗精米所（エンゲルベルグ式機械を使用）を探し出して利用したり、時には手搗きをしたりしてこれを白米にした。その籾摺りには江戸時代に使われたような土臼（図10、29頁参照）、精米には搗き臼が使われた。

農民は、供出用の籾と自家保有用の籾とは別の田で栽培し、後者はていねいに扱ったからその品質は格段によい。だからこうして原始的な方法で籾摺りや精米をするにもかかわらず、機械で精米をした政府配給米よりも品質のよい白米だった。ラングーン（現ヤンゴン）市中では農家が自家保有籾から搗いた白米が売られていたが、これは配給米よりもはるかに品質がよかったのでひとびとはこれを争って買った（図37）。

技術の問題ではない

こうした事態、なかでも米輸出の壊滅という深刻な問題に直面した政府は、供出籾の品質を改善するために、籾買取所に備え付けるべく「籾精選装置」の設計・開発を政府研究機関に指示し、またそのための国際援助をも期待していたがこれは実現しなかった。

仮にそうした装置ができて、それが実際に籾買取所に配置されたとしても、問題が解決されるはずがないことは誰にでもわかる。なにしろ籾水分計をはじめとする現有の検査機器類が使われてもいないのだから。

ここで政府の籾買付けから白米の配給や輸出にいたる一連の過程をみてみれば、この根っこにあるもっとも根本的な問題は、「農民の生産する籾の品質がまったく考慮の外にあり、評価されていない」という点にあることが明らかだろう。モノの質が問題とされなければ、そもそも商品流通が成り立たないのである。そうなれば「騙しあい」の応酬になり、道義などの出るも幕はない。この問題の解決に、ましてや海外からの些々《さ さ》たる「技術援助」などが役に立つはずもない。根本的問題を素通りし、すべての問題を「技術」のせいにするのはここだけの話ではないが、そこでいう「技術」とはいったい何なのだろう。

アフリカ諸国における米増産の展望

アジア稲を古くから栽培していたマダガスカル島やもっと昔からアフリカ稲を栽培していた西アフリカの一部地域などを除いては、アフリカでは米作の歴史が比較的新しい。しかし近年、アフリカの多くの国々では伝統的食物に代わって米が愛好されるようになり、その消費量が著しくふえてきた。その多くの国々では国産米だけではその消費をまかないきれず、輸入米にたよることが大きくなり、外貨不足の一因にもなっている。現在、アフリカ諸国の政府は米の国産を奨励し、多くの国では米の生産量は徐々にあるいは急速にふえつつある。

だが、それにもかかわらず、米増産のすすみ具合は米の消費増加の勢いにはとても追いつかず、年々その差はひらく一方である。アフリカ全体として米（白米）の年間生産量は最近の30年間（1990〜2020年）におよそ500万トンから2000万トンと4倍にふえたが、米消費量の増加の勢いはそれをはるかに上回り、同じ期間に500万トンから3500万トンと7倍にふえている。アフリカ全体としては、米の生産の伸びは、消費の増大には追いついていない。この間の1人当たりの米の年間消費量は計算上は約15キロから30キロと倍増している。

読者の多くはアフリカの国名にはあまりなじみがないと思うが、そのいずれかの国とかかわりのある方もおられるだろうから、サハラ沙漠よりも南のアフリカ諸国であるサブサハラ・アフリカ（SSA）の国々を図38に、国別の最近10年間の人口・米作面積・米の収量・米の輸入量などを表1に示した。この表から読み取れる内容を要約すると次のようになる。

①人口は23か国合計で計算すると、10年で約31パーセントの増加率（年当たり増加率は約2・7パーセント）。②籾生産量は10年間で約2・1倍に増加。しかし人口増があるので、国民1人当たりでは約1・5倍増にとどまる。③収穫面積は23か国の合計を記載しているが、天水地域では降雨時期や降雨量などに左右されるため年変動はかなり大きいものと推定される。④単収はきわめて低いが、微量だが増加している。⑤生産籾から白米換算した国民1人当たり白米供給量は年間約31キロであるが、輸入白米をこれに加えると年間約59キロとなり、生産量の2倍程度の需要がある。

米の生産が消費に追いつかないのはなぜか

現在、米の生産が増加しつつあるということは、さしあたり、米の生産が農民にとっては「ひきあう」ものとなっているということを示してはいる。だが、それが需要の増加には追い

図38　サブサハラ・アフリカの国々

生産・消費の概況（2007年と2017年の比較）

(D) 籾単収 (t/ha)			(E) 国民1人当たりの籾生産量 (B/A) (kg/人)			(F) 国民1人当たりの白米生産量 (E × 0.65) (kg/人) ＊歩留り65%			(G) 白米輸入量 (1,000t)			(H) 推定国民1人当たりの年間白米供給量 (F + (G/A × 1,000)) (kg/年)		
07	17	17/07	07	17	17/07	07	17	17/07	07	17	17/07	07	17	17/07
1.3	2.0	1.5	22	52	2.4	14	34	2.4	1,216	65	0.1	22	34	1.5
2.8	4.2	1.5	185	121	0.7	120	79	0.7	191	595	3.1	130	102	0.8
2.4	2.5	1.0	33	53	1.6	21	34	1.6	48	0.9	0.0	23	34	1.5
2.8	3.6	1.3	79	150	1.9	52	98	1.9	147	277	1.9	62	113	1.8
1.8	1.3	0.7	147	185	1.3	96	120	1.3	333	NA		131		
1.7	2.6	1.5	32	87	2.7	21	56	2.7	808	1,347	1.7	63	112	1.8
1.4	2.2	1.6	98	187	1.9	64	122	1.9	112	357	3.2	83	169	2.1
1.7	2.8	1.6	8.1	25	3.1	5.2	16	3.1	442	820	1.9	24	44	1.8
2.4	4.2	1.8	17	46	2.8	11	30	2.8	1,073	1,181	1.1	103	107	1.0
1.0	1.3	1.3	3.6	15	4.0	2.4	10	4.0	471	728	1.5	28	39	1.4
1.7	2.0	1.2	4.8	17	3.6	3.1	11	3.6	149	471	3.2	14	36	2.6
2.6	3.6	1.3	8.5	27	3.2	5.5	18	3.2	664	1,908	2.9	84	188	2.2
1.4	1.3	0.9	67	64	1.0	43	42	1.0	148	365	2.5	86	119	1.4
1.4	2.7	2.0	5.5	6.4	1.2	3.6	4.1	1.2	75	192	2.6	6	9	1.4
2.3	1.7	0.7	13	18	1.5	8.1	12	1.5	77	170	2.2	21	34	1.6
1.8	2.9	1.6	0.1	1.3	9.7	0.1	0.9	9.7	44	380	8.6	1	4	7
0.3	0.8	2.7	4.8	3.8	0.8	3.1	2.5	0.8	487	644	1.3	26	25	1.0
4.1	3.5	0.8	6.7	9.1	1.4	4.3	5.9	1.4	19	45	2.4	6	10	1.5
2.9	2.7	0.9	1.2	1.6	1.3	0.8	1.0	1.3	259	635	2.5	7	14	1.8
0.7	0.8	1.2	6.7	23	3.4	4.4	15	3.4	114	161	1.4	74	88	1.2
1.5	1.3	0.9	1.4	2.3	1.6	0.9	1.5	1.6	12	20	1.6	2	3	1.4
1.5	1.7	1.1	8.8	2.8	0.3	5.7	1.8	0.3	2.5	11	4.4	6	4	0.7
0.6	0.6	1.0	0.3	0.2	0.8	0.2	0.1	0.8	110	75	0.7	29	15	0.5
1.8	2.3	1.2	32.7	47.7	1.5	21.3	31.0	1.5	7,001	10,448	1.5	45	59	1.3

表1　サブサハラ・アフリカ地域全体の米の

国名	(A) 人口 (1,000人)			(B) 籾生産量 (1,000t)			(C) 収穫面積 (1,000ha)		
	07	17	17/07	07	17	17/07	07	17	17/07
ナイジェリア	146,339	190,873	1.30	3,186	9,864	3.1	2,451	4,913	2.0
マダガスカル	19,433	25,570	1.32	3,595	3,100	0.9	1,272	730	0.6
タンザニア	40,681	54,660	1.34	1,341	2,872	2.1	558	1,170	2.1
マリ	13,651	18,512	1.36	1,082	2,781	2.6	392	768	2.0
ギニア	9,518	12,067	1.27	1,401	2,230	1.6	789	1,708	2.2
コートジボワール	19,171	24,437	1.27	606	2,120	3.5	356	829	2.3
シエラレオネ	5,989	7,488	1.25	588	1,400	2.4	432	647	1.5
ガーナ	22,963	29,121	1.27	185	721	3.9	109	259	2.4
セネガル	11,687	15,419	1.32	193	714	3.7	80	170	2.1
カメルーン	18,730	24,566	1.31	68	360	5.3	68	270	4.0
ブルキナファソ	14,252	19,193	1.35	68	326	4.8	41	165	4.1
ベナン	8,454	11,175	1.32	72	304	4.2	27	86	3.1
リベリア	3,461	4,702	1.36	231	303	1.3	160	236	1.5
ウガンダ	29,486	41,166	1.40	162	262	1.6	119	98	0.8
トーゴ	5,920	7,698	1.30	74	141	1.9	33	84	2.6
エチオピア	80,674	106,399	1.32	11	140	12.8	6.1	48	7.9
モザンビーク	21,673	28,649	1.32	103	110	1.1	362	143	0.4
ルワンダ	9,273	11,980	1.29	62	109	1.8	15	32	2.1
ケニア	38,705	50,221	1.30	47	81	1.7	16	30	1.8
ガンビア	1,639	2,213	1.35	11	51	4.6	17	66	4.0
ザンビア	12,502	16,853	1.35	18	38	2.1	12	30	2.4
中央アフリカ	4,198	4,596	1.09	37	13	0.3	25	7.6	0.3
コンゴ	3,876	5,110	1.32	1.1	1.1	1.0	1.9	2.0	1.1
23か国全体	542,275	712,668	1.31	13,142	28,040	2.1	7,342	12,488	1.7

出典：FAOSTATのデータを加工

ついていないということは、農民にとっては米生産から得られる利益がそれほど十分ではないということも示している。

なぜそうなのか。アフリカ全土を眺めてみれば、自然環境が米の栽培に向かない地域もあるが、水田地帯がひろがる地域においても、その米増産の歩みは米消費の増加には追いついていない。

その理由として、不安定な天水への依存、灌漑設備の遅れ、水田作の経験・知識の不足、農民相互の協力の不十分さ、など種々考えられるが、米の生産が消費に追いつかないもっとも決定的な理由は、「米づくりが農民にとっては十分に割のいいものではない」ということだろう。もし米づくりが農民にとって十分に儲かるものであったなら、たとえ仮に米作が禁止されたとしても、米生産はもっと急速にふえつづけるだろう。ちょうど罌粟《けし》の栽培がいくら禁止されても、厳しい刑罰で脅かされてさえも、依然として続いているように。

現に、タンザニア、ケニア、ガーナなどの農民は、互いに水争いをしながらでも米づくりを競っている。それは、そこでは米づくりが十分に儲かるものだからであろう。その逆に、米作が農民にとって十分に割のいいものでない地域では、いくら政府が米増産の掛け声をかけ、稲の優良品種を推薦しても、肥料や農薬などの使用奨励・斡旋などをしても、あるいは栽培技術の普及につとめても、米作の機械化などを勧告しても、それは急速にはふえないだろう。農民はほかにもっと割のいい作物があれば米よりはそれをつくることを選ぶ。そんなことは当たり前のことで、いうまでもない。しかし、いちばん肝心のことがしばしば忘れられる。

米を輸入にたよる危険性

現在、アフリカ諸国での米消費の拡大に生産が追いつかず、膨大な輸入米にたよっていることが問題とされている(図39)。それは外貨の流出のみならず、食糧の安全確保上の重大問題でもある。不安定さを増す地球環境や国際関係のなかで、主要食糧を遠隔地からの大量輸入にたよるなどということは、いつ深刻な問題をもたらすことになるかわからない。かつてアフリカ諸国ではとうもろこし、キャッサバ、粗粒穀物、ヤムなど現地産の食品が主要食糧だったのだが、いまや米がそれらの地位にとって代わろうとしているのだから。

すると、次のような意見があるだろう。すなわち、「なにも無理をして米の自給を確保する必要などない。ほかにもっと有利な商品作物や資源があるなら、それをせっせと生産して輸出し、外貨を稼いでおきさえすれば、米などいくらでも輸入できる」というような。

それには一理ある。しかし、世界の主要穀物のうち、米は小麦やとうもろこしなどにくらべ国際的な流通量の割合がとくに低い穀物である。だから、需給状況による国際価格の変動もきわめて激しい。いくらカネを積んでも大量の米の輸入は難しいというようなばあいがありうる。かつて日本やインドネシアなどが大量の米を輸入する必要に迫られたときなど、その調達には

図39　市場での輸入米の販売（ガーナ）
撮影：山口浩司

苦労をした。

だから、大量に米を消費する国ほど、その自給を確保しておくに越したことはない。それなのに、アフリカ諸国ではその自然条件が米の生産に適している地域が多いにもかかわらず、生産が消費に追いつかない。

それはなぜなのか。

米の生産不足とその品質劣悪の理由

これについて、アフリカ諸国の米の増産を支援する立場にある者は次のような説明をしている。

「アフリカで米の生産がのびないのは、食味や品質の問題などから国産米が消費者のニーズに合わず、つくっても売れないため、農家は生産を拡大しようとしないのです」と述べ、そのため、「農家は儲かる確証のない米づくりのため、肥料や農機の購入、灌漑施設の維持管理などにお金をかけてまで生産量を上げようという意欲がないのです」という。こうした説明をそのまま真に受けているひとたちも多いようだが、それは本当だろうか。

たしかに、アフリカの多くの町で売られている現地産の白米は石や砂や籾や異物などを多く含み、品種も搗精度も不均一であることに多くの不満が寄せられている。また現地のひとたちの好みに合うような品種があまり売られていないともいう。なぜそうなるのか。

その理由は、ひとびとに好まれるような米品種や、質のよい籾を集荷し精米して売るような社会状況になっていないからである。それは、きれいで均一で、ひとびとに好まれるような白米をつくれるような良質の籾さえ集荷できるなら、たちまち解決する。しかし、農民がどんな籾を生産しても、それがほぼ同じような値段でしか売れないから、農民にそうする意欲が生まれるはずもないのである。

こうした状況では、農民とっては米づくりはあまり利益がなく、したがって増産の意欲はあまりない。そして同時に、籾の品質が悪いから流通米の品質は低下する。だからこそ、何十年も前から「零細農民の売る籾の品質を評価し、品質相応の価格で買い取られるようにする必要がある」といわれつづけてきたのだが、それはすでにみたような理由で実現困難であった。

こうしたなかで、本来は農家の自家保有米を精米するにすぎない農村精米所の果たしている役割があらためて評価されることとなったのである。そしてそれは現にアジア地域全般のみならず世界の零細米作地域で、またすでにアフリカの一部地域で、立派に機能している（図40）。

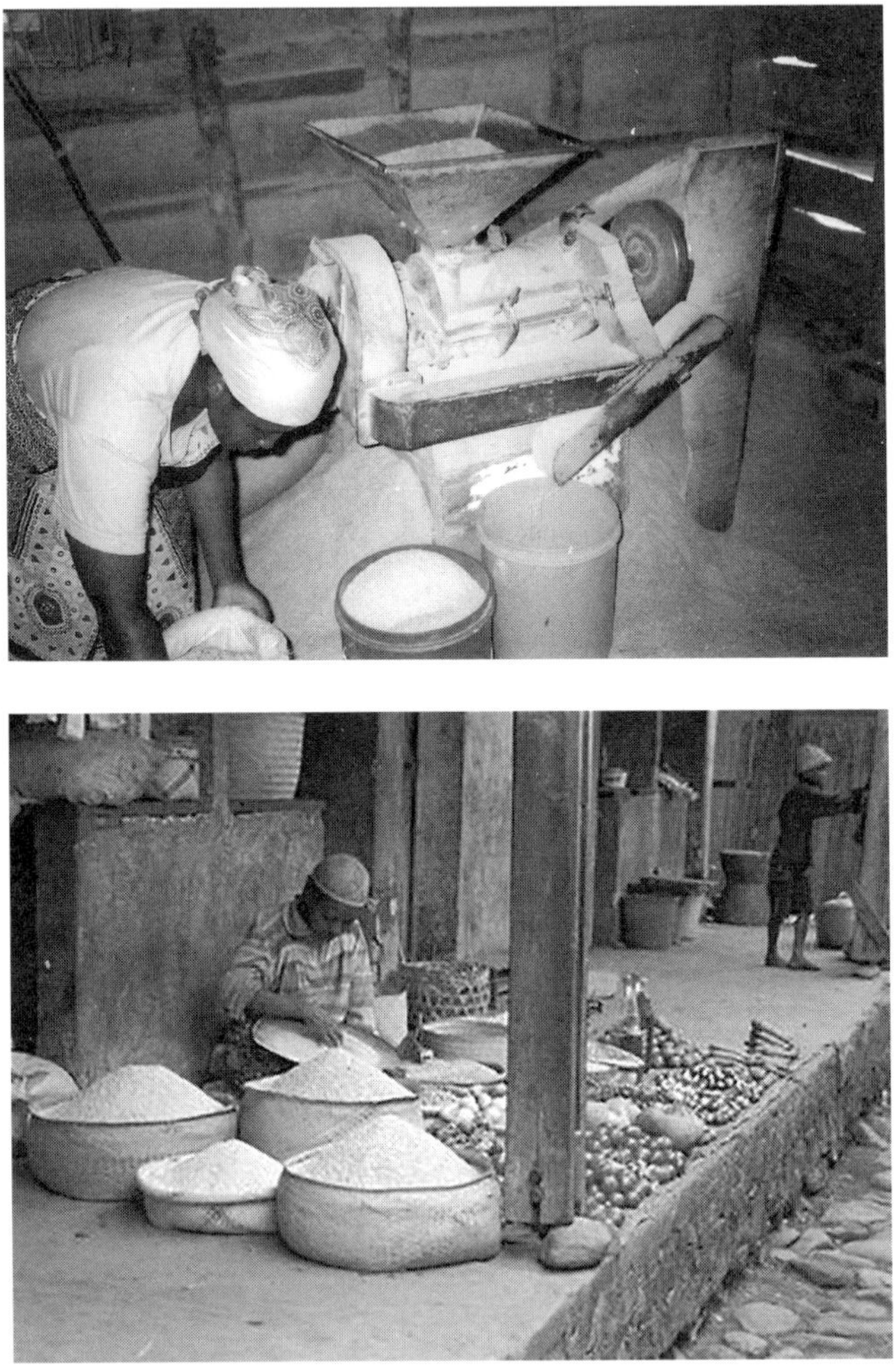

図40　アフリカ・タンザニアの農村精米所（上）と路上で売られる地元産米（下）。このようなエンゲルベルグ式機械1台だけの精米所はタンザニアではもはや消えつつある。地元産米の品質は悪くない
撮影：山口浩司

ここで再度付言する必要があると思われるのは、劣悪で不純な籾を集荷しておいて、それを精米してできた同じく劣悪な質の白米を、「進んだ精米加工機械を使って良質の白米に仕上げる」などということは経済的には成り立たないということである。

石抜機を使って米に混入した石を取り除いたり、色彩選別機を使って異種穀粒や変色米を除去したり、各種の選別機を使って砕粒などを除去したりすることは技術的には可能である。だがそれはあくまで補助的な手段にすぎず、良質の籾から白米をつくるときの何倍もの手間と経費がかかって、しかもその効果は不完全なのである。それはまるで子どもが失敗したお習字を消しゴムや修正液で直そうとするようなものだ。なぜわざわざそうしたことをしなければならないのか。最初から良質の籾を集荷するという、もっと安くて消費者も農民もしあわせになるやり方があるというのに。

そうしたことに費やす無駄な努力とお金は、もっとましな使い方をしたら何十、何百倍にも生きるはずだ。投下した時間や金額の大きさをもって「開発援助の成果」を評価するというのなら話は別だが。

「稲作御殿」が建つタンザニア

アジアの零細米作地帯では現在、農村精米所が存在するのは当たり前のことであり、それが質・量ともに健全な流通米生産の隠然たる支えとなっている。アフリカでも各地域で米栽培が始まり、それが拡大するにつれ、一部の米作地域には農村精米所ができつつある。しかし、その状況は千差万別で、地域により、国によりまちまちのようである。

タンザニアでは、その多くの灌漑米作地域で、すでに農村精米所が軒を並べている。そして、その間の競争によって賃搗き料も安くなり、設備もサービスも急速に向上しつつある（図41、図42）。精米所によっては、賃搗きを依頼にくる顧客の便宜のために籾の乾燥場をつくり、それを無料で使わせてくれるなどのサービスをするところもあるということは前述した（118頁参照）。

タンザニアでも、農村精米所を新設するには政府の「認可」が必要であるが、それは例外なく与えられ、特別の条件が必要とされたりすることはないようである。

ここの農民のあいだでは、籾を農村精米所で白米にして売ることによって米作の利益は籾のままで集荷商人に売るばあいにくらべて倍増するといわれ、米が経済的にきわめて有利な作物となっている。それに加えて、一見して品質が明らかな白米を売ることによって農民は買取人と価格交渉をすることができ、さらに自ら市況を判断するなどの術を身につけてきている。これは農民が目先の損得に一喜一憂することなく総合的な判断力を発達させようとしていることを意味する。こうした農民の能力の発展・展開は、日本の農民の例からも類推できることであろう。

図41　タンザニアで使われているコンバインと農村精米所の例
上：刈取り労賃の高騰でコンバインによる賃刈りが一般化しつつある／
下：ゴムロール式籾摺機と噴風摩擦式精米機とを組み合わせた一体
型の籾摺精米機。原型は日本製だが中国製の模造品が圧倒的である
撮影：山口浩司

図42　商業精米所の施設に匹敵する農村精米所も現れている　撮影：山口浩司

タンザニアでは米作農家がこれまでの泥や日干し煉瓦の家から焼成煉瓦やブロックの家に建て替える例が続々と現れている。現地の日本人はこれを「稲作御殿」と呼び、長年にわたる日本の水田造成から栽培指導などの支援の成果が現れてきたものとして現地人といっしょに喜んでいる。農民の米作にたいする意欲はきわめて高く、国全体としても米の生産は順調に逐年増加しつつある。そして、米作経営面積の拡大とともにトラクタやコンバインの需要もふえ、それら農機の活動を容易にする圃場や道路の整備が検討され、また各地の天水米作地域への灌漑計画が進行中である。

タンザニアだけではなく、ケニアやウガンダでも、農村精米所の発展によって米作農民はその利益が増すので米作の意欲が旺盛になっているという。

しかし、ウガンダでは、ある地域の農民はときどき「ここらの地域では農村精米所の数が少ないから、籾の売値が安くて困る」とこぼしている。このことは、農村精米所が近くに存在していれば農民の籾の売値が自然に上がること、そしてまた、その地域ではそれがまだまだ不足していることを示している。

農村精米所の発展を制約するもっともらしい措置

ここで問題となるのが農村精米所の設立の手続きである。各国とも、農村精米所の設立にさいしては役所の「承認」とか「許可」が必要とされるようだが、それが実質的には「届出」ないしは「登録」にすぎず、機械的に受理されるようなら問題はない。

しかし、もしその「許可」の取得が困難であれば、スカルノ時代のインドネシアと同じように実質的には「禁止」と同じ意味になる。それは既存の少数の農村精米所や籾集荷業者の独占・暴利を保護し、搗き賃の低下も精米技術やサービスの改善をも阻害することになる。

農村精米所がまったくないか、あるいはあってもその数が少ないままでは、農村精米所のサービスは改善されず、農民の利用はひろがらず、農民には相変わらず籾のままで売り渡すしか選択肢がない。こうした状況を看過しておいて米の増産とか白米の品質改善などをいくら唱えても、まるでザルに水を注ぐようなものであり、その効果があがらないことは明らかだろう。

ときには、表向きには「農村精米所の新設はいつでも許可される」といわれているが、実際にはその「許可条件」が当局者の匙加減でどうとでも解釈できるようなものがある。たとえば

・当該地域の籾生産量を超える精米能力の設備は不許可
・当該地域の既存同業者の同意が必要
・騒音・塵埃・その他付近住民の迷惑となるものは不許可
・国産の特定機械を使わない精米所は禁止
・効率の劣る精米機械の使用は原料や動力の浪費だから性能の承認が必要
・雇用確保のため○○人以上の雇用が必要
・交通混雑地域のため建設禁止
・使用電力が地域の電力確保の障害とならぬことの保証

などなど、精米所設立を制限しようと思えばいくらでも勝手な条件をつけられる。これらのいくつかの項など、事実上新設を拒否するのに等しい。

また「許可は与える」と口頭ではいわれたが、許可証の交付がいつまでもひきのばされたなど、実質的には新設ができない例がある。

このような条件下では米作農民の利益は守られない。こうした国・地域では、いくら米の増産や米の品質改善を唱えても、それがすすむことを期待するのはそもそも無理だろう。

ケニアでは何が起こったか

ケニアではずっと以前から米の消費がふえつつあったが、「米の自給自足政策」という触れ込みで、1980年代に農民は生産した籾をすべて政府に売り渡すことを義務づけられた。政府による籾の買上げにさいしては、(民間業者による籾買取りのばあいと同じく)籾品質の評価はなされず、買上げ価格(単価)は一律で、きわめて安かった。したがって国内には米の生産適地があるにもかかわらず、米を生産する農民はどんどん減っていった。

精米所の民営は禁止されていて、政府が買い上げた籾はすべて国営精米所によって精米されたが、その設備は半世紀以上も前のものであり更新はされておらず、性能は低かった。ここで搗かれた白米が一般に売られたが、価格が高いのに品質が低かったので消費者にはそっぽを向かれ、外国産米の輸入が増加していった。

米作地域付近に住む住民が、米をつくる農家から政府買入れ価格と同じ値段で籾を分けてもらい、それをもぐりの賃搗き精米所で精米してもらうと、市中で売られている政府米の半分以下の値段で米が手に入ったという。

「米の需要は国産の米でまかなう」という建前から始められたこれらの政府政策だったが、実際には官僚統制・腐敗によってまったく逆の効果をもたらしたのだった。

現在、ケニアでは政府によるこうした米の統制は廃止され、農民は生産した籾を自由にどこにでも売ることができるようになり、また民間の精米所も設立できるようになった。米作農家は生産した籾を米にして売ることもできるようになったので、増産の意欲が格段に増進した。こうした政策変更の結果、この国の米作農家は努力が報われるようになり、いまでは素晴らしい勢いで米の生産がふえつつある。

これらの諸例は、アフリカであろうとどこであろうと、米作発展のためには、「米をつくれば利益を得られる」「よい籾をつくればさらに利益がふえる」ということを農民自身が実感できる状況が必要だという、至極当たり前のことを示している。

米作の発展を考えるためには、なんの根拠も示さずに「機械化が必要だ」とか、あれこれの「技術的改善が不可欠だ」などという前に、まず、いま米を実際につくっている農民はどんな立場におかれているのか、何を望んでいるのかを直視する必要がある。

いまアフリカで必要なことは何か

日本のアフリカ諸国への米増産援助は、灌漑整備、改良品種の選抜・普及、収穫後の調製機を含む機械化などが１９７０年代から、アジアの米産地帯への支援同様におこなわれてきてすでに半世紀に及ぶ。そして、現在、サブサハラ・アフリカの米増産の努力を支援する一助として、「日本の米作機械化を参考として、サブサハラ・アフリカの米作機械化を援助する」という開発援助計画がすすめられようとしている。地域によってはそれも有効であろう。しかし経営規模の大きな農場では必要に応じてそれが自力でできるから、開発援助の対象にはならない。

圧倒的多数である零細米作農民にとってまず必要なことは、まずなによりも、稲を栽培し米を生産することによってその利益が享受できるような環境が整えられることであろう。すでに述べたように、現在、アフリカの流通米の品質が劣悪であるということは、アフリカ各地で米作が発展しているにもかかわらず農民たちはそこからの恩恵を十分に享受できてはいないということを示している。

そうした状況下では、農民のあいだに米の増産やそのための技術的改善の努力などが生まれるはずもない。同じく零細な規模の米作であるにしても、アジア諸国ではそのような状況はみられない。技術的改善もすすみ、農民は相応の品質の籾を生産し、それからできる流通米も輸出できるような品質を維持している。それはなぜかを考えてみる必要がある。

これまでに述べたことを、要約すれば下記のようになる。

零細農民にとっても米作が有利であれば、黙っていても農民は自分で工夫する。よい品種を植え、栽培技術を改善し、生産量をあげるのに努め、経営規模を拡大したり、灌漑状況を改善したり、栽培技術を改良したり、農具を改善したり、農業機械の導入も考える。そのことは、

1970年代のインドネシアでの米作の急激な進展の例からも類推できる。そうした状況になれば、機械化推進計画もそれなりに効果を発揮できる。現に、例を示したように、すでにそうした方向にすすみつつある国もある。

だが、いまのアフリカの多くの地域の零細米作農民は、きわめて安い値段で、品質とは無関係の価格で籾を売るしかなく、したがって米作から得られる利益は低く、その拡大にもあまり熱意をみせない。

そうなる理由は、小規模の籾の取引きでは籾の品質が無視されることであり、それは、「籾のかたちでは、その品質は肉眼ではわからない」という事実による。その結果、籾の品質改善がまったく報われず、農民には籾の品質向上の意欲は湧かない。どんなによい品質の籾を生産しても一様の価格でしか売れない。

こうした状況を打破するには、農民が「籾を白米にして売ることもできる」という選択肢を得られるようにするのが、唯一、現実的な方法だろう。そのことなしに、政府による「籾の最低買取り価格」の設定や「籾や米の品質規格」の制定などをしても効果がないことは過去の歴史によって実証済みである。

籾を精米して白米にしてみれば、よい品質の籾からはよい品質の白米ができ、それは高い市場価格を得られる。すなわち、籾を米にして売るときには、米の品質相応の売値を得られる。よい品質の籾を生産する農民は高い利益を得るので、米づくりに熱心になり米の生産は自然にふえる。

これを可能にするには、農村精米所の自由な設置を認め、農民が籾を白米にして売る機会を得られるようにすればよい。それには、なんの補助金も政策的誘導も必要としない。権力などによる妨害さえなければ、黙っていても農村精米所は自然にふえ、農民はそれを利用する。その実例をみたければ、現に米をつくっているアジアの国々を訪れてみればよい。

農民が「籾を白米にして売る」という経験を積めば、農民は籾の品質改善につとめるので、商業精米所の買入れ籾の品質もまた改善される。したがって流通白米全般の品質が向上する。こうして、米の生産増大も米の品質の向上も、同時に達成される。

しかるに、もし、既存精米業者や流通業者やそれと結託した官僚などが、もっともらしい理屈をつけて農村精米所の新設・増加を妨害するようなら、農民は米を籾のままで売らざるをえず、零細農民にとって米作は相変わらず「あまり儲からないもの」にとどまる。そうした条件下では、農業機械化はおろか、米作の発展を望むこと自体が不可能である。インドネシア、ビルマ（現ミャンマー）、アフリカのいくつかの国々での経験はこのことを示している。アフリカの某々国でも、そうした失敗の轍を踏もうとしているのではないかと危惧される。

上のような話をアフリカ諸国から来日した政府職員や技術者からなる研修員たちに話したところ、その一人から「話はわかった。しかし、なかにはいい加減な農村精米所もあるから、そうしたものには許可を与えない方がいいのではないか」という意見がでた。彼の出身国は大精米業者と官僚との「協力関係」が密な国である。

この意見にたいして、他国の研修員から間髪を入れずに反論が出た。「農民はバカではない。そんな精米所には誰も行かないのでたちまちつぶれるのだから、あっても一向にかまわない。むしろ、役所が僭越にも精米所を選別することこそが問題だ」と。

結語にかえて

「技術」とはモノではない。社会関係を無視した「技術的解決」などありえない

第二次大戦敗戦後、多くの日本人は、これからは世界のひとびととの平和的発展のために貢献するのがその生きていく道であると信じ、海外諸国のひとびとともに発展するため、いろいろなかたちで協力をしてきた。先進国から途上国へは種々の経済的援助がおこなわれたが、やがて「飢えている者に与えるべきなのは魚ではなく、釣り道具と釣りの技術だ」と唱えられ、“technology transfer”なるものが国際的にひろく強調されるようになった。

これが日本では「技術移転」と訳された。技術とは「伝えられ」「学ばれ」るのであって、建物や物品のように一地点から他の場所に「移動され」たり、あるいは人から人に単純に「与えられ」たりするものではないのに。

日本では明治の文明開化の時代に高給を払って「お雇い外国人」を招き、西欧の技術を吸収

しようとした。それがうまくいったばあいもそうでなかったばあいもあった。河川工事や治水の技術の習得などはかなりうまくいったようだが、「西洋の進んだ農具の招来」などは完全な失敗だった。これらの成功と失敗との分岐点は、「状況を調べてそこに必要なやり方を考える」のか、それとも「欧州の進んだ技術を持ってくる」のか、という当事者の態度のちがいにあった。

第二次大戦後の技術伝達の場面でも、途上国で必要とされるのは技術一般ではなく、「ある状況を改善するのに必要な技術」だとひとびとは気がついた。そこで、国際社会では「技術移転」という看板のわきに「適正技術」とか「中間技術」などと書き加え、今度はそれらがどこにあるかを探しはじめた。そしてその種の「技術」が列挙されるようになったりもした。

しかしそれは「日本の〝進んだ技術〟を途上国に教える」ことをもっぱら唱導していた日本政府の担当官庁と、「現地では何が必要とされているのか」をまず考えようとする協力現場との齟齬を拡大した。現地にいる協力専門家が、技術の講義をする前にそこの情況を調べようとすると東京からは「仕事をせずに遊んでばかりいる」と非難され、その一方、ただ闇雲に講義やテキストづくりなどをしていると「技術移転に積極的だ」と評価された。

その時代から数十年、いまでは国際協力活動への貢献度として「技術移転をどれだけすすめたか」などと問われることはなくなったようだが、それに代わってほかの新しいスローガンや固定観念が次々と現れてきた。

その一例が、「途上国には膨大な『収穫後損失』が存在し、これを技術の導入によって一掃すれば食糧問題も農村の貧困も一挙に解決される」というものである。これは先進国の一握りの「専門家」によって提唱された妄想だったが、国際機関などによって「『緑の革命』の第二段階」としてもてはやされ、ついには「収穫後損失の削減目標」が1976年の国連総会で設定されるという茶番にまでいたった。

当時、この流行の観念を賞揚したある援助官僚などは「途上国では籾の65パーセントしか白米にならないが、日本では72パーセントが白米になる。だから日本の技術を普及するだけで世界の白米生産量は1割ふえる」などと触れ回った（本書の読者には日本と外国とでは米の種類も作業法も異なり、こんな主張が荒唐無稽であることは明らかであろうが…）。

これ以後、日本を含む各国の援助機関の食糧・農業関連の各種計画には「収穫後損失削減」の項目が必須とされるようになり、そのための各種機材・設備なども途上国に供与された。しかしそれらはもともと現実の誤認による架空の観念に基づくものだから、当然の結果として使われずに放置され、国際協力の営為一般をもおとしめる「実例」となっている。

しかしそれにしても、もし仮に「途上国の膨大な収穫後損失」があるとしても、なぜそれが簡単に「技術的に解決」できると考えられたのか？

たとえば先進国にも膨大な食糧の無駄、「損失」がある。だが、それが「技術的改善によって一挙に解決できる」などとは誰も思わない。なぜなら、この問題はひとびとの生活・産業・文化などの総体と複雑にからみあっていることが明らかだからである。それならなぜ、途上国のばあいには、同様の問題が「技術的改善によって簡単に解決できる」と考えられるのか？

それにたいして、この論の提唱者は「途上国のばあいには、農民がその収穫後処理技術を改善すればいいのだから問題は単純である」とでもいうらしい。これではまるで農民だけが社会の他のひとびととは無関係に生きているかのようである。

農民は、誰にいわれなくても、もっとも儲かるように仕事をしている。仮に現状の作業で穀粒の逸失など損失があったとしても、それを許容した方が有利だからそうしているのである。論者たちのように「穀粒損失減少」のためではなく、生活を守るために仕事をしているのである。その一例としては「農民の技術改善の一例」を示した（116〜117頁参照）。

「専門家」たちは「農民は無知で技術を知らない」と思い込んでいるようだが、専門家たちもまた農民の立場をあまり知ろうとしないで「技術的改善」などを提案するのはおかしくはないか。そして結局のところ、大上段に振りかぶった「膨大な収穫後損失の削減」論（ＰＨＬＲと略称されていた）は、援助業界の会議や決議や文書などには頻繁に現れ、役所や学者の予算や研究費や役職などをふやしはしたが、農村の現場ではほとんど相手にされなかった。

この例が示すように、先進国では簡単に処理できるとは到底考えられないような複雑な社会的問題が、途上国のばあいには「技術的に解決できる」と単純化されることが多い。こうした援助国側の無意識の思い上がりが、日本のみならず世界の国際協力組織のなかにも遍在しているようである。冒頭にあげた「技術移転」「適正技術」などの語が頻用された背景にも同様の傾向がある。「技術」というものはある場所で生きる人間の思考や行動のあり方と密接に結びついているのに、これらの語を提唱したひとびとは「技術」そのものを実体化して、まるで品物か何かのように、そこに持ってきて置けば明日からでも誰にでも使えるようなものと理解しているように思われる。

アフリカでの米生産が消費に追いつかない理由として、多くの専門家は「米生産技術が低いから」といい、それを発展させることが解決法であるとしている。それで日本を含む先進諸国はアフリカ諸国への「技術援助」を続けている。

だが肝心の米作農民の立場はどうなっているのか。その技術を担うものは農民にほかならないのに、彼らの立場や利害に関心を払う者はきわめて少ない。農民にとって米生産の利益が大きいなら、農民の米を生産する技術もたちまちすすむはずなのに。

技術とは人間の行動のし方の一種であり、人間を離れてその外の中空に存在するものではない。農民の生活と行動、その文化に無関心でいて、「米作技術の改善」などを唱えるのは、あたかも空気に着物を着せようとするようなものだろう。技術の目的は、なによりもそれを扱うひとびとの幸福の実現にある。

2019年にアフガニスタンで亡くなられた中村哲さんは、現地の状況をつぶさに知った末に、「百の診療所よりも1本の灌漑水路だ」と悟り、医者であるにもかかわらず、専門外の井戸掘りや水路の建設に打ち込んだ。それが住民の支持を得て大きな成果を収めていることは周知のとおりである。いずれ水が豊富にくるようになれば、医者の出番も出てくる。彼はそのことをよく知っていた。同様に、もし「米作の機械化」等々を考えているなら、まず、農民が米づくりによって幸せになれる条件を整えることが第一だ。そうすれば、いずれは機械化などの出番も出てくる。自分の専門分野にこだわって状況を見誤っては誰の得にもならない。

あとがき

読者の多くの方々にとって、たぶん、耳慣れないと思われるアジア、アフリカの小さな精米所の話を辛抱強くお読みいただき、ありがとうございました。この地域の零細な農民にとっては「農村精米所を利用できるか否か」という点こそが米作の意欲が湧くか湧かないかの分かれ道であり、また、彼らのつくる米の品質をも左右してしまう、ということは納得していただけたでしょうか。

いま、アフリカ諸国では米の消費が急激に増加しているのにその生産が追いつかず、大量の輸入米に頼っています。これが地域住民にとってどんなに経済的不利と食糧確保上の危険性とをもたらしているかは容易に察せられるところです。だから地域の諸国は米の増産に努力をかたむけているわけですが、その努力の成否にも農村精米所のあるなしが深くかかわっています。

本書の内容について、疑問やわからない点などありましたら、どんなに小さなことでもご遠慮なくお尋ねください。わたしがそれにすべて答えられるとはかぎりませんが、わかる範囲で喜んでご返事いたします。また、浅学非才と見聞・経験の不足とから、本書の記述に間違っている点などがありましたらご指摘いただければ幸いです。また参考となる事実やご感想などもお聞かせいただければさらにありがたいものです。

本書の出版にあたっては農文協プロダクションの田口均さんにはたいへんお世話になりました。田口さんの熱心なご指導がなければ本書は陽の目を見ることもなかったでしょう。また、友人の山口浩司さんからは写真の提供や貴重な助言をいただきました。厚くお礼申し上げます。

2021年2月

古賀康正

古賀康正◎こがやすまさ

略歴

１９３１生まれ。東大農学部卒。農学博士。
海外技術協力事業団（ＯＴＣＡ）研修管理員、㈱佐竹製作所（現㈱サタケ）海外部長、国連アジア太平洋経済社会委員会（ＥＳＣＡＰ）専門家、海外貨物検査㈱コンサルタント部顧問、インドネシア・ボゴール農科大学客員教授、㈱民生技術研究所所長、岩手大学農学部教授、国際協力機構（ＪＩＣＡ）研修指導者等を歴任、海外各種プロジェクトの調査・計画・監督に従事する。全国小水力利用推進協議会設立・理事（現顧問）。現在、ＪＩＣＡ非常勤講師、その他コンサルタント。

著書

『米—その商品化と流通』（共著、地球社）、『農村社会発展と技術』（アジア経済研究所）、『農産物収穫後処理過程とその技術をめぐる諸問題』㈳国際農林業協力協会）、『遊びをせんとや生まれけむ』（徳間書店）、『日本における農村社会と農機具のかかわり』（共著、ＪＩＣＡ）、『Rural transport vehicles in Indonesia』（Bogol Agricultural University）ほか多数。

むらの小さな精米所が救う
アジア・アフリカの米づくり

二〇二一年三月二〇日　第一刷発行

著　者　古賀康正

発　行　一般社団法人 農山漁村文化協会
〒一〇七－八六六八　東京都港区赤坂七－六－一
電話　〇三－三五八五－一一四二（営業）　〇三－三五八五－一一四五（編集）
ファックス　〇三－三五八五－三六六八
http://www.ruralnet.or.jp/

印刷所　株式会社 杏花印刷

ISBN978-4-540-20241-4 〈検印廃止〉

編集・制作――株式会社 農文協プロダクション
ブックデザイン――堀渕伸治◎tee graphics